Photoshop
美工基础与网店装修

微课版

赵爱香 王爱芳 刘海明 / 主编

张薇 罗维佳 马明明 李松茂 / 副主编　胡颖森 刘桓 / 主审

人民邮电出版社

北　京

图书在版编目（ＣＩＰ）数据

Photoshop 美工基础与网店装修：微课版 / 赵爱香,
王爱芳，刘海明主编. -- 北京：人民邮电出版社,
2019.5（2023.7 重印）
职业教育电子商务课赛融通规划教材
ISBN 978-7-115-50858-4

Ⅰ. ①P… Ⅱ. ①赵… ②王… ③刘… Ⅲ. ①图象处
理软件－职业教育－教材 Ⅳ. ①TP391.413

中国版本图书馆CIP数据核字(2019)第033392号

内 容 提 要

本书旨在帮助初学网店美工的读者学习店铺装修。全书共 9 章，分别讲解了网店美工
与 Photoshop 基础，使用选区和图层美化图像，修饰商品图像的瑕疵，调整商品图像的色
彩，使用图形和文字完善网店内容，使用通道、蒙版和滤镜，切片与批处理图像等。学完
本书的读者可顺利参加全国职业技能大赛电子商务赛项，因此本书最后两章通过实战演练
讲解了比赛专用软件——ITMC 的使用，以及如何使用它进行网店开设与装修，使读者顺
利完成整个比赛。

本书在讲解中引用了大量的案例，这些案例几乎涵盖了比赛中的各种制作要求，从而
保证读者在任何情况下都能游刃有余地完成比赛。

本书可作为职业院校网店美工等相关专业学生的辅导用书，特别适合需通过学习参加
比赛的学生。

◆ 主　　编　赵爱香　王爱芳　刘海明
　　副主编　张　薇　罗维佳　马明明　李松茂
　　主　　审　胡颖森　刘　桓
　　责任编辑　古显义
　　责任印制　马振武

◆ 人民邮电出版社出版发行　　北京市丰台区成寿寺路 11 号
　　邮编　100164　电子邮件　315@ptpress.com.cn
　　网址　http://www.ptpress.com.cn
　　北京博海升彩色印刷有限公司印刷

◆ 开本：700×1000　1/16
　　印张：13.75　　　　　　　　2019 年 5 月第 1 版
　　字数：331 千字　　　　　　 2023 年 7 月北京第11次印刷

定价：59.80 元

读者服务热线：**(010)81055256**　印装质量热线：**(010)81055316**
反盗版热线：**(010)81055315**
广告经营许可证：京东市监广登字 **20170147** 号

一、本书的内容

本书包含9章，前面7章为基础知识，最后两章通过实战演练讲解网店开设与装修实训软件ITMC的使用。各章的具体内容和学习目标如下表所示。

章节	主要学习内容	学习目标
第1章	1. 认识网店美工 2. Photoshop CS6图像文件基础知识 3. Photoshop CS6图像文件基本操作	掌握网店美工的基础知识，并了解Photoshop CS6图像文件的基础知识和基本操作
第2章	1. 创建与编辑选区 2. 创建与编辑图层	学会创建与编辑选区以及创建与编辑图层的方法
第3章	1. 瑕疵的遮挡与修复 2. 图像表面的修饰 3. 清除图像	掌握图像的处理方法，包括瑕疵与修复、表面修饰及清除图像等
第4章	1. 图像的明暗调整 2. 图像的颜色调整 3. 特殊图像调整	掌握图像色彩的调整方法，包括明暗、颜色和特殊图像
第5章	1. 使用钢笔工具绘制图形 2. 使用形状工具绘制图形 3. 使用画笔工具绘制图形 4. 添加并编辑文字	掌握图形的绘制方法，并对文字的编辑方法进行介绍
第6章	1. 使用通道 2. 使用蒙版 3. 使用滤镜	掌握通道、蒙版和滤镜的使用方法
第7章	1. 切片 2. 动作与批处理图像	掌握切片与批处理的方法

章节	主要学习内容	学习目标
第8章	1. ITMC网店设计基础及要点 2. 服装服饰类网店设计 3. 计算机配件类网店设计	通过服装服饰类、计算机配件类网店设计案例掌握ITMC网店设计的基础及要点
第9章	1. 系统登录操作说明 2. 店铺装修 3. 跨终端店铺建设 4. 跨境端店铺建设 5. 跨平台店铺开设	掌握网店开设与装修实训软件ITMC的使用方法

二、本书的特点

本书主要有以下特点。

1. 知识系统，结构合理

本书针对网店美工岗位，从网店美工认知入手，一步步深入地介绍网店美工所涉及的知识，由浅入深，层层深入。与此同时，本书按照"知识讲解＋美工实战＋课后练习"的方式进行讲解，让读者在学习基础知识的同时进行实战练习，从而加强对知识的理解与运用。同时，本书全面贯彻党的二十大精神，将党的二十大精神与实际工作结合起来立足岗位需求，以社会主义核心价值观为引领，传承中华优秀传统文化，注重立德树人，培养读者自信自强、守正创新、踔厉奋发、勇毅前行的精神，强化读者的社会责任意识和奉献意识。

2. 内容丰富，形式多样

书中的"经验之谈"小栏目是与内容相关的经验、技巧与提示，能帮助读者更好地梳理知识。此外，本书提供了配套的视频教学资料、素材和效果文件，读者直接扫描二维码即可获取。

3. 结合大赛，实战性强

本书知识讲解与实例操作同步进行，所涉及的案例尽可能还原全国职业技能大赛电子商务赛项的要求，读者完成本书的学习后，不仅可以自行使用Photoshop完成店铺各个部分的设计，还可以对整个比赛的要求、比赛系统的形式等有一个整体的了解。

三、本书的作者

参与本书编写的相关人员有武汉软件工程职业学院的胡颖森、赵爱香、马明明，苏州经贸职业技术学院的刘桓，河南工业贸易职业学院的王爱芳，深圳市宝山技工学校的刘海明，郑州信息科技职业学院的张薇，广东民政职业技术学校的罗维佳、刘燕妮，广西生态工程职业技术学院的李松茂。

尽管编者在本书的编写与出版过程中力求精益求精，但由于水平有限，书中难免有错漏和不足之处，恳请广大读者批评指正。

编者
2023年3月

Contents 目录

01

第1章
网店美工
与Photoshop CS6基础

　　随着网络营销的发展壮大，网店美工人员的市场需求日益增大，网店美工人员要想在激烈的市场竞争中争得一席之地，需要对网店美工各种知识进行掌握与应用。除此之外，他们还需要对Photoshop的使用方法进行掌握，通过对Photoshop的熟练使用来提高商品的美观度。下面将对网店美工与Photoshop的基础知识进行讲解。

- 网店美工介绍
- Photoshop的基础知识

本章要点

1.1 认识网店美工

网店美工是网店运营过程中一个非常重要的职位，主要负责图像的美化、店铺的装修及页面的设计等工作。网店美工不但可让拍摄效果不够美观的商品图像恢复原来的色彩，还能让店铺更加美观、更能吸引顾客的驻留。下面将对网店美工的基础知识进行讲解。

1.1.1 网店美工的工作范畴

与常见的美术工作者不同，网店美工主要负责网店的店面装修，以及商品图像的创意处理。与普通的美工相比，他们对平面设计与软件的要求更高，需要掌握更多的知识。下面对网店美工的工作范畴进行介绍。

- 店铺特色的创造：优秀的网店能给人留下良好的第一印象。目前网店中同类型的店铺繁多，若想在众多的店铺中脱颖而出，特色就变得十分重要。只有展示出属于自己的店铺特点，才能够吸引更多的顾客驻足并选取商品，从而增加交易。所以网店美工在美化商品时，创造出属于自己的店铺特色是成功的第一步。

- 商品的美化：使用相机拍摄出的商品照片是不能够直接上架的，为了体现商品的特色，对商品进行美化和修饰必不可少。但是需要谨记，网店美工不是单纯的艺术家，让顾客接受你的作品才是最重要的。

- 店铺的装修与设计：网店美工不单单是将图像处理出来再按照淘宝中自带的模块进行添加，一个好的网店美工不但需要掌握基本的技术方法，还要将所掌握的技术方法运用到店铺的装修中，抓住卖点促进顾客继续看下去，并通过与代码的结合使用，让顾客花最少的时间达到最好的效果。

- 活动页面的设计：网店平台会不定期举行各种促销活动。为了达到与众不同的效果，从竞争激烈的店铺页面中脱颖而出得到顾客的青睐，活动策划十分重要。这时，优秀的网店美工更需要透彻理解活动，通过设计与装修店铺页面将活动意图传达给顾客，让顾客了解活动的内容、促销的力度，从而促进销量的提升。网店美工在设计时要保证契合活动主题、页面美观，拥有自己独特的亮点，可以让活动更加直观。

- 推广的了解与运用：推广就是将自己的商品、服务和技术等内容通过各种媒体让更多的顾客了解、接受，从而达到宣传与普及的目的。对网店美工来说，推广主要是通过图像将网店的商品、品牌和服务等传达给顾客，加深店铺在他们心中的印象，获得认同感。而网店推广因为推广活动与手段的不同，规格大小不一，文件大小有时也有很多限制，这就给网店美工人员提出了更多的要求。他们不仅需要在现有的标准下及时并有效地向顾客表达出设计的意图，还要体现商品的价值。同时，文案的编写也需要言之有据，让顾客能够快速理解，并对其产生深刻的印象。

1.1.2 网店美工的技术要求

要成为一名合格的网店美工，首先需要有扎实的美术功底和良好的创造力，对美好的事物有一定的鉴赏能力；掌握最基本的图像处理与设计能力，能够熟练使用Photoshop、Dreamweaver等设计软件制作网店需要的内容。

其次，由于网店注重"商品"和"用户体验"，这就要求美工人员能够通过图像准确地向顾客表达出商品的特点并挖掘潜在顾客的需求，例如，如何通过图像、文字和色彩搭配表现出商品的独特性，让顾客感觉商品的与众不同；怎样从顾客的分析角度去思考；怎么提升图像的点击率和转化率，实现跨越技术层面来追求更高的转化率，引起顾客的购买欲望。这才是一个合格的网店美工应具备的所有技能。

1.1.3　网店美工需注意的问题

网店美工除了掌握基本的软件操作外，还需要知道商品的信息、注意事项、卖点、劣势及让劣势变成优势的技巧等。能做到突出卖点，扬长避短，是成为一个合格网店美工的基本要求。下面对网店美工需注意的问题进行介绍。

- 保持思路清晰：在装修店铺和处理图像前，需要有一个明确的思路，即确定一个大框架，在该框架中标明店铺主要卖什么，商品有什么特点，可以选择哪些元素进行装修，让其不但可以吸引顾客的眼球，还能让商品真实地展现在顾客的面前。
- 掌握装修时机：在装修网店的过程中，网店美工还要抓住一定的时机（如"双11"促销、元旦促销等）对店铺进行装修，达到时机与装修相配合，从而促进商品的销售。
- 统一风格与形式：店铺装修不但要进行合理的色彩搭配，还要统一店铺和详情页的风格和形式，因此装修分类栏、店铺公告和背景音乐等项目时，统一风格和形式变得尤为重要。
- 做好前期准备：在淘宝网中，不是申请了某个活动后才开始进行商品的制作。一个活动往往需要提前1~2个月进行准备。因此活动前期应抓住时机，对活动的文字、图像进行制作，在活动来临前完成促销信息的整理。
- 突出主次：工作过程中，网店美工切记不要为了追求漂亮、美观的效果，而对网店进行过度的美化，无法突出商品图像，掩盖店铺的风格和商品的卖点，导致展现的效果适得其反。

1.1.4　网店美工应掌握的设计要点

了解了岗位需求和技能后，网店美工还需要掌握设计要点，这样设计出的效果才能更加出彩。网店美工必须掌握的设计要点主要有色彩搭配，点、线、面三大基本设计元素和文字的编写3个方面，下面分别进行介绍。

1. 色彩搭配

店铺的色彩与风格是浏览者进入店铺首先感受到的东西，因此色彩是做好店铺视觉营销的基础。很多卖家在装修店铺的时候，喜欢将一些酷炫的色块随意地堆砌到店铺里，让整个页面的色彩杂乱无比，给浏览者造成视觉疲劳。而好的色彩搭配不但能够让页面更具亲和力和感染力，而且还能提升浏览量。因此，在店铺装修时，色彩搭配尤为重要。

（1）色彩的属性与对比

色彩由色相、明度及纯度3种属性构成。色相即各类色彩的视觉感受，如红、黄、绿、蓝等各种颜色；明度是眼睛对光源和物体表面明暗程度的感受，它取决于光线的强弱；纯度也称饱和度，是指色彩鲜艳度与浑浊度的感受。在搭配色彩时，经常需要用到一些色彩的对比，下面对常用的色彩对比分别进行介绍。

● **明度对比**：利用色彩的明暗程度进行对比。恰当的明度对比可以产生光感、明快感和清晰感。通常情况下，明暗对比较强时，可以使页面清晰、锐利，不容易出现误差；而当明度对比较弱时，配色效果往往不佳，页面会显得柔和单薄、形象不够明朗。图1-1所示为不同明度对比的页面。

● **纯度对比**：利用纯度的强弱形成对比。纯度较弱的对比画面视觉效果也较弱，适合长时间查看；纯度适中的对比画面视觉效果和谐、丰富，可以突显画面的主次；纯度较强的对比画面视觉效果鲜艳明朗、富有生机。图1-2所示为不同纯度对比的页面。

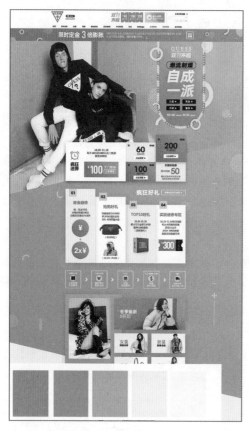

图1-1　不同明度对比效果　　　　　　　　图1-2　不同纯度对比效果

● **色相对比**：利用色相之间的差别形成对比。进行色相对比时需要考虑其他色相与主色相之间的关系，如原色对比、间色对比、补色对比和邻近色对比，以及最后需要表现的效果。其中，原色对比一般指红色、黄色和蓝色的对比；间色对比是指两种原色调配而成的颜色的对比，如红+黄=橙、红+蓝=紫等；补色对比是指色相环中的一个颜色与180°对角的颜色的对比；邻近色对比是指色相环上的色相在15°以内的颜色的对比。

● **冷暖色对比**：从颜色给人带来的感官刺激考量，黄、橙和红等颜色给人带来温暖、热情及奔放的感觉，属于暖色调；蓝、蓝绿和紫给人带来凉爽、寒冷及低调的感觉，属于冷色调。图1-3所示为冷色调和暖色调页面的对比效果。

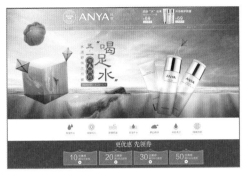

图1-3　冷色调和暖色调的对比效果

- 色彩面积对比：各种色彩在画面中所占面积的大小不同，所呈现出来的对比效果也就不同。图1-4所示为在使用了大面积红色色调的页面中加入适当的蓝色，可以起到协调和平衡视觉的作用，使用小面积的蓝色还能起到强调促销文字、突出视觉中心的作用。

（2）主色、辅助色与点缀色

网店美工在搭配店铺的页面色彩时并不是随心所欲的，而是需要遵循一定的比例与程序。网店装修配色的黄金比例为70:25:5，其中，主色色域占总版面的70%，辅助颜色占25%，而其他点缀性的颜色占5%。网店装修的配色程序为：首先根据店铺类目选择占用大面积的主色调，然后根据主色调合理搭配辅色与点缀色，用于突出页面的重点、平衡视觉效果。图1-5所示为主色、辅助色与点缀色的应用案例。

图1-4　色彩面积对比效果　　　　　　　图1-5　主色、辅助色与点缀色

在色彩搭配中，主色、辅助色与点缀色是3种不同功能的色彩，分别介绍如下。

- 主色：主色是页面中占用面积最大也是最受瞩目的色彩，它决定了整个店铺的风格。主色不宜过多，一般控制在1～3种，过多容易造成视觉疲劳。主色不是随意选择的，而是需要系统分析自己品牌受众人群的心理特征，找到受众群体中易于接受的色彩，如童装适合选择黄色、粉色和橙色等暖色调作为主色。
- 辅助色：辅助色占用面积略小于主色，用于烘托主色。合理应用辅助色，能丰富页面的色彩，使页面显示更加完整、美观。

● 点缀色：点缀色是指页面中面积小、色彩比较醒目的一种或多种颜色。合理应用点缀色，可以起到画龙点睛的作用，使页面主次更加分明、富有变化。

2. 点、线、面三大基本设计元素

在网页中，合理利用图形元素，既丰富了网页的视觉效果，又生动地表现出了商品的信息，同时消除了纯粹的文字页面给人带来的呆板视觉感受。点、线、面是图形中最基本的三大要素。这三大要素的结合使用，能够构成丰富的视觉效果。

● 点：点是可见的最小的形式单元，具有凝聚视觉的作用，可以使画面布局显得合理舒适、灵动且富有冲击力。点的表现形式丰富多样，既包含圆点、方点和三角点等规则的点，又包含锯齿点、雨点、泥点及墨点等不规则的点。图1-6的左图为点的表现之一，右图为文字周围的点元素，用于丰富画面，突出主题。

图1-6 点

● 线：线在视觉形态中可以表现长度、宽度、位置、方向和性格，具有刚柔并济、优美和简洁的特点，经常用于渲染画面，引导、串联或分割画面元素。线分为水平线、垂直线、曲线和斜线。不同线的形态所表达的情感不同，水平线和垂直线单纯、大气、明确、庄严；曲线柔和流畅、优雅灵动；斜线具有很强的视觉冲击，可以展现活力四射。图1-7所示为斜线素材及直线在文本串联方面的应用。

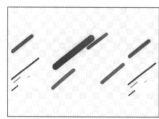

图1-7 线

● 面：点的放大即为面，线的分割产生各种比例的空间也可以称为面。面有长度、宽度、方向、位置和摆放角度等特性。在版面中，面具有组合信息、分割画面、平衡和丰富空间层次、烘托与深化主题的作用。利用面来设计美化时需要注意：面与面之间要通过不同的排列来进行灵活对比。图1-8所示为使用面元素（如云朵、圆形和矩形等）来装饰画面的效果。

图1-8　面

3. 文字的编写

可读性强、突出主题的文字能直观地向顾客介绍商品的详细信息，引导顾客完成商品的浏览与购买。在设计网店图像时，文字内容的设计及字体的选择都是有讲究的。文字内容要精练，充分体现表达的主题。有了文字内容之后，相应的字体选择也不能马虎。

（1）字体的性格特征

不同的字体具有不同的性格特征，网店美工需要根据商品的特征来选择对应的字体。下面对淘宝网店铺常用字体的性格特征进行介绍。

- 宋体：宋体是店铺应用最广泛的字体，其笔画横细竖粗，起点与结束点有额外的装饰，其外形端庄秀美，具有浓厚的文艺气息，适合用于标题设计。系统默认的宋体纤细端美，但作为标题分量不足，而方正大标宋不仅具有宋体的秀美，还具备醒目性，因此经常被用于女性产品宣传图的设计。此外，书宋、大宋、中宋、仿宋和细仿宋等也属于常用的宋体。图1-9所示为宋体在女性护肤品海报中的应用效果。

图1-9　宋体

经验之谈

在鲜花、珠宝配饰、女性用品、护肤品和化妆品等以女性消费者为主体的产品宣传图设计中，一般采用纤细秀美、时尚、线条流畅并且字形有粗细变化的字体，如宋体、方正中倩简体、方正纤黑简体、张海山悦线简体及方正兰亭黑简体等。

- 黑体：黑体笔画粗细一致、粗壮有力、突出醒目，具有强调的视觉感，宣传性强，常用于促销广告、导航条，或车、剃须刀、重金属、摇滚、竞技游戏及足球等男性消费者占主导地位的产品宣传图的设计。常见的黑体样式包括粗黑、大黑、中黑和雅黑等，如图1-10所示。

- 书法体：书法体包括楷体、叶根友毛笔行书、篆书体、隶书体、行书体和燕书体等。书法体具有古朴秀美、历史悠久的特征，常用于古玉、茶叶、笔墨和书籍等古典气息浓厚的店铺宣传，如图1-11所示。

图1-10　黑体　　　　　　　　　　　　　　　　图1-11　书法体

- 美术体：店铺设计中还经常使用美术体，如汉仪娃娃篆简、方正胖娃简体、方正少儿简体和滕祥孔淼卡通简体等字体。这类字体具有活泼、可爱、肥圆、调皮的艺术特征，多用于零食、玩具、童装、点读机及卡通漫画等以儿童消费者为主体的产品宣传图设计中。此外，美术体还指将文本的笔画涂抹变形，或用花瓣、树枝等拼凑成各种图形化的字体，其装饰作用强，主要用于海报的设计，可有效提升店铺的艺术品位，如图1-12所示。

图1-12　美术体

（2）文字的布局技巧

在店铺页面的设计中，文字除了传达营销信息外，还是一种重要的视觉材料。文字的布局在画面空间、结构和韵律上都是很重要的因素。下面对常用的文字布局技巧进行介绍。

- 字体的选用与变化：网店广告文案排版时，2～3种匹配度高的字体是最佳的视觉效果。字体过多会产生零乱而缺乏整体的感觉，容易分散顾客的注意力，使顾客产生视觉疲劳。在选择字体时，可考虑通过加粗、变细、拉长、压扁或调整行间距等操作来变化字体，产生丰富多彩的视觉效果。
- 文字格式的统一：在进行文字的编排时，需要统一文字格式，即文字的字体、粗细、大小和颜色在搭配组合上让顾客有一种关联的感觉，这样文字组合才不会显得松散杂乱。

● 文字的层次布局：在网店视觉营销设计中，文案的显示并非是简单的堆砌，而是有层次的，通常是按重要程度设置文本的显示级别，引导顾客浏览文案的顺序，此情况下首先展示的是该作品强调的重点。在进行文字的编排时，可利用字体、粗细、大小与颜色的对比来设计文字的显示级别。

1.2　Photoshop CS6图像文件基础知识

Photoshop CS6是一款强大的平面设计与图像处理软件，使用它不但能让图像效果更加完美，还能制作出不同类型的海报、展示画及商品图像等，它是美工美化过程中的必备软件。下面对Photoshop软件的相应知识进行介绍，如像素和分辨率、位图和矢量图、图像的色彩模式和常用的图像辅助工具等。

↘ 1.2.1　像素和分辨率

像素是构成位图图像的最小单位，是位图中的一个小方格。分辨率是指单位长度上的像素数目，单位通常为"像素/英寸"和"像素/厘米"。它们的组成方式决定了图像的数据量。

● 像素：像素是组成位图图像最基本的元素。每个像素在图像中都有自己的位置，并且包含了一定的颜色信息。单位面积上的像素越多，颜色信息越丰富，图像效果就越好，文件也会越大。图1-13所示的荷花即为图像分辨率为72像素/英寸下的效果和放大图像后的效果。放大后的图像中显示的每一个小方格就代表一个像素。

● 分辨率：图像中的分辨率指单位面积上的像素数量。分辨率的高低直接影响图像的效果。单位面积上的像素越多，分辨率越高，图像就越清晰，但所需的存储空间也就越大。图1-14所示为分辨率为72像素/英寸和300像素/英寸的区别。从中可以看出，低分辨率的图像较为模糊，高分辨率的图像更加清晰。

图1-13　像素　　　　　　　　　　　　　　图1-14　分辨率

↘ 1.2.2　位图和矢量图

位图和矢量图是图像的两种类型，是网店美工进行图形图像设计与处理时所必须了解和掌握的。理解这两种类型及两种类型之间的区别，有助于读者更好地学习和使用Photoshop CS6。

1. 位图

位图也称点阵图或像素图，它由多个像素点构成，能够将灯光、透明度和深度等逼真地表现出来。将位图放大到一定程度后，即可看到位图是由一个个小方块组成的，这些小方块就是像素。位图的质量由分辨率决定，单位面积内的像素越多，分辨率越高，图像效果也就越好。但当位图放大到一定比例时，图像会变模糊。常见的位图格式有JPEG、PCX、BMP、PSD、PIC、GIF和TIFF等。图1-15所示为位图原图和放大500%的对比效果。

图1-15　位图效果

2. 矢量图

矢量图是用一系列计算机指令来描述和记录的图像，它由点、线、面等元素组成，所记录的对象主要包括几何形状、线条粗细和色彩等。矢量图常用于制作企业标识或插画，还可用于商业信纸或招贴广告，可随意缩放的特点使其可在任何打印设备上以高分辨率进行输出。与位图不同的是，矢量图的清晰度和光滑度不受图像缩放的影响。常见的矢量图格式有CDR、AI、WMF和EPS等。

↘ 1.2.3　图像的色彩模式

在Photoshop CS6中，色彩模式决定着一幅电子图像以什么样的方式在计算机中显示或打印输出。常用的色彩模式包括位图模式、灰度模式、双色调模式、索引模式、RGB模式、CMYK模式、Lab模式和多通道模式等。用户只需打开图像文件，选择【图像】/【模式】命令，在打开的子菜单中选择对应的命令即可完成图像色彩模式的转换。下面将分别对不同色彩模式的含义进行介绍。

- 位图模式：位图模式是由黑、白两种颜色来表示图像的颜色模式，适合制作艺术样式或用于创作单色图形。彩色图像模式转换为该模式后，颜色信息将会丢失，只保留亮度信息。只有处于灰度模式下的图像才能转换为位图模式。图1-16所示即为位图模式下图像的显示效果。
- 灰度模式：在灰度模式图像中，每个像素都有一个0（黑色）～255（白色）之间的亮度值。当彩色图像转换为灰度模式时，将删除图像中的色相及饱和度，只保留亮度与暗度，得到纯正的黑白图像。图1-17所示即为将图像转换为灰度模式前后的显示效果。

图1-16　位图模式　　　　　　　　　　　　图1-17　灰度模式

● 双色调模式：双色调模式是用灰度油墨或彩色油墨来渲染灰度图像的模式。双色调模式
采用两种彩色油墨来创建由双色调、三色调及四色调混合色阶组成的图像。在此模式
中，最多可向灰度图像中添加4种颜色。图1-18所示即为双色调效果。

● 索引模式：索引模式指系统预先定义好一个含有256种典型颜色的颜色对照表，当图像转
换为索引模式时，系统会将图像的所有色彩映射到颜色对照表中。图像的所有颜色都将在
它的图像文件中定义。当打开该文件时，构成该图像的具体颜色的索引值都将被装载，然
后根据颜色对照表找到最终的颜色值。图1-19所示即为索引模式下图像的显示效果。

图1-18　双色调模式　　　　　　　　　　　图1-19　索引模式

● RGB模式：RGB模式由红、绿、蓝3种颜色按不同的比例混合而成，又称真彩色模式，是
Photoshop默认的模式，也是最为常见的一种色彩模式。在Photoshop中，除非有特殊要求
会使用某种色彩模式，一般情况下都采用RGB模式。这种模式下可使用Photoshop中的所
有工具和命令，其他模式则会受到相应的限制。图1-20所示即为RGB模式下图像的显示
效果。

● CMYK模式：CMYK模式是印刷时使用的一种颜色模式，主要由Cyan（青）、Magenta
（洋红）、Yellow（黄）和Black（黑）4种颜色组成。为了避免和RGB三基色中的Blue
（蓝色）混淆，其中的黑色用K表示。若在RGB模式下制作的图像需要印刷，则必须将其

转换为CMYK模式。图1-21所示即为CMYK模式下图像的显示效果。

图1-20　RGB模式　　　　　　　　　　　图1-21　CMYK模式

- Lab模式：Lab模式由RGB三基色转换而来，它将明暗和颜色数据信息分别存储在不同位置。修改图像的亮度并不会影响图像的颜色，调整图像的颜色同样也不会破坏图像的亮度，这是Lab模式在调色中的优势。在Lab模式中，L指明度，表示图像的亮度，如果只调整明暗、清晰度，可只调整L通道；a表示由绿色到红色的光谱变化；b表示由蓝色到黄色的光谱变化。图1-22所示即为Lab模式下图像的显示效果。
- 多通道模式：在多通道模式下图像包含了多种灰阶通道。将图像转换为多通道模式后，系统将根据原图像产生一定数目的新通道，每个通道均由256级灰阶组成。在进行特殊打印时，多通道模式的作用尤为显著。图1-23所示即为多通道模式下图像的显示效果。

图1-22　Lab模式　　　　　　　　　　　图1-23　多通道模式

1.2.4　图像辅助工具

Photoshop CS6中提供了多个辅助用户处理图像的工具，它们大多位于"视图"菜单中。这些工具对图像不起任何编辑作用，仅用于测量或定位图像，使图像处理更精确，并提高用户的工作效率。下面将具体介绍Photoshop CS6中辅助工具的使用方法。

1. 标尺

标尺是参考线的基础，只需选择【视图】/【标尺】命令（见图1-24）或按【Ctrl+R】组合键，即可在打开的图像文件左侧边缘和顶部显示或隐藏标尺。通过标尺可查看图像的宽度和高度。标尺x轴和y轴的0点坐标在左上角，在标尺左上角的相交处按住鼠标左键不放，当光标变为 ✛ 形状时拖动到图像中的任意位置，释放鼠标左键，此时拖动到的目标位置即为标尺的x轴和y轴的相交处，如图1-25所示。

图 1-24　标尺　　　　　　　　　　　　　图 1-25　标尺坐标

2. 网格

在图像处理中，设置网格线可以让图像处理更精准。选择【视图】/【显示】/【网格】命令或按【Ctrl+'】组合键，可以在图像窗口中显示或隐藏网格线，如图1-26所示。

按【Ctrl+K】组合键打开"首选项"对话框，在左侧的列表中选择"参考线、网格和切片"选项，然后在右侧的"网格"栏中可设置网格的颜色、样式、网格线间隔、子网格数量，如图1-27所示。

图1-26　显示网格线　　　　　　　　　　图1-27　设置首选项

3. 参考线

参考线是浮动在图像上的直线，分为水平参考线和垂直参考线。它用于给用户提供参考位置，使绘制的效果更加精确、规范。创建后的参考线不会被打印出来。下面分别对创建参考线、创建智能参考线和智能对齐进行介绍。

- 创建参考线：选择【视图】/【新建参考线】命令，打开"新建参考线"对话框，在"取向"栏中选择参考线取向，如"垂直"，在"位置"文本框中输入参考线位置，单击 确定 按钮，即可在相应位置创建一条参考线，如图1-28所示。

图 1-28　创建参考线

经验之谈

通过标尺可以创建参考线，将光标置于窗口顶部或左侧的标尺处，按住鼠标左键不放并向图像区域拖动，这时光标呈‡或┿形状，同时会在右上角显示当前标尺的位置。释放鼠标后即可在释放鼠标处创建一条参考线。

● 创建智能参考线：启用智能参考线后，参考线会在需要时自动出现。当使用移动工具移动对象时，可通过智能参考线对齐形状、切片和选区。创建智能参考线的方法是：选择【视图】/【显示】/【智能参考线】命令，再次移动图形时，将会触发智能效果，自动进行智能对齐显示。图1-29所示为移动对象时智能参考线自动对齐到左侧边线和中心。

图1-29　智能参考线

● 智能对齐：对齐工具有助于用户精确地放置选区、裁剪选框、切片、形状、路径。智能对齐的方法是：选择【视图】/【对齐】命令，使该命令处于勾选状态，然后在【视图】/【对齐到】命令的子菜单中选择一个对齐项目。勾选状态表示启用了该项目。

1.3　Photoshop CS6图像文件基本操作

在进行店铺的美工前，网店美工除了要掌握美工的基础知识和文件的基础知识外，还要掌握图像文件的基本操作，这是进行美工工作的基础。下面先介绍Photoshop CS6工作界面的具体内容，再对新建、打开、导入、导出、保存、关闭、移动、变换、复制与粘贴图像文件的方法进行介绍。

1.3.1　认识Photoshop CS6的工作界面

选择【开始】/【所有程序】/【Adobe Photoshop CS6】命令，启动Photoshop CS6后，打开图

1-30所示的工作界面。该界面主要由菜单栏、标题栏、工具箱、工具属性栏、面板组、图像窗口、状态栏组成。

图1-30　工作界面

下面分别对Photoshop CS6工作界面的各组成部分进行介绍。

● 菜单栏：菜单栏由"文件""编辑""图像""图层""类型""选择""滤镜""3D""视图""窗口"和"帮助"11个菜单组成，每个菜单下有多个命令。若命令右侧标有▶符号，则表示该命令还有子菜单；若某些命令呈灰色显示，则表示没有激活或当前不可用。

● 标题栏：标题栏显示了已打开的图像的名称格式、显示比例、色彩模式、所属通道、图层状态及该图像的关闭按钮。

● 工具箱：工具箱中集合了在图像处理过程中使用最频繁的工具，可以用于绘制图像、修饰图像、创建选区及调整图像显示比例等。工具箱的默认位置在工作界面左侧，将光标移动到工具箱顶部，可将其拖动到界面中的其他位置。单击工具箱顶部的展开按钮▶▶，可以将工具箱中的工具以双列方式排列。单击工具箱中对应的图标按钮，即可选择该工具。工具按钮右下角有黑色小三角形◢，表示该工具位于一个工具组中，其下还包含隐藏的工具。在该工具按钮上按住鼠标左键不放或单击鼠标右键，即可显示该工具组中隐藏的工具。

● 工具属性栏：工具属性栏可对当前所选工具进行参数设置，默认位于菜单栏的下方。当用户选择工具箱中的某个工具时，工具属性栏将显示对应工具的属性设置选项。

● 面板组：Photoshop CS6中的面板默认显示在工作界面的右侧，是工作界面中非常重要的一个组成部分，用于选择颜色、编辑图层、新建通道、编辑路径和撤销编辑等。选择【窗口】/【工作区】/【基本功能（默认）】命令，将打开面板组合。单击面板右上方的

灰色箭头 ▶▶，面板将以面板名称的缩略图方式进行显示。再次单击灰色箭头 ◀◀，可以展开该面板组。当需要显示某个单独的面板时，单击该面板名称即可。

● 图像窗口：图像窗口是对图像进行浏览和编辑操作的主要场所，所有的图像处理操作都是在图像窗口中进行的。

● 状态栏：状态栏位于图像窗口的底部，最左端显示当前图像窗口的显示比例，在其中输入数值并按【Enter】键可改变图像的显示比例；中间将显示当前图像文件的大小。

1.3.2 新建与打开图像文件

设计一幅作品前，用户首先需要新建图像文件或打开计算机中已有的图像文件。下面对新建与打开图像文件的具体方法进行介绍。

1. 新建图像文件

在Photoshop中制作文件，首先需要新建一个空白文件。选择【文件】/【新建】命令或按【Ctrl+N】组合键，打开图1-31所示的"新建"对话框。设置相关参数后单击"确定"按钮即可新建一个图像文件。

"新建"对话框相关选项的含义如下。

● "名称"文本框：用于设置新建文件的名称，其中默认文件名为"未标题-1"。

● "预设"下拉列表框：用于设置新建文件的规格，可选择**Photoshop CS6**自带的几种图像规格。

图1-31 "新建"对话框

● "大小"下拉列表框：用于辅助"预设"后的图像规格，设置出更规范的图像尺寸。

● "宽度"/"高度"文本框：用于设置新建文件的宽度和高度，在右侧的下拉列表框中设置度量单位。

● "分辨率"文本框：用于设置新建图像的分辨率。分辨率越高，图像品质越好。

● "颜色模式"下拉列表框：用于选择新建图像文件的色彩模式，在右侧的下拉列表框中还可以选择是8位图像还是16位图像。

● "背景内容"下拉列表框：用于设置新建图像的背景颜色，系统默认为白色，也可设置为背景色或透明色。

● "高级"按钮：单击该按钮，在"新建"对话框底部会显示"颜色配置文件"和"像素长宽比"两个下拉列表框，用户可通过它进行更高级的设置。

2. 打开图像文件

要在 Photoshop 中编辑一个图像，如拍摄的照片或素材等，需要先将其打开。文件的打开方法主要有以下 4 种。

● 使用"打开"命令打开：选择【文件】/【打开】命令或按【Ctrl+O】组合键，弹出"打开"对话框。在"查找范围"下拉列表框中选择文件存储位置，在中间的列表框中选择需要打开的文件，单击 打开(O) 按钮即可。

● 使用"打开为"命令打开：若Photoshop无法识别文件的格式，则不能使用"打开"命令打开文件，此时可选择【文件】/【打开为】命令，弹出"打开为"对话框。在其中选择需要打开的文件，并为其指定打开的格式，然后单击 打开(O) 按钮。

- 拖动图像启动程序：在没有启动Photoshop的情况下，将一个图像文件直接拖动到Photoshop应用程序的图标上，可直接启动程序并打开图像。
- 打开最近使用过的文件：选择【文件】/【最近打开文件】命令，在打开的子菜单中可选择最近打开的文件。选择其中的一个文件，即可将其打开。若要清除该目录，可选择菜单底部的"清除最近的文件列表"命令。

1.3.3　导入与导出图像文件

在Photoshop CS6中，用户不仅可以直接打开图像文件，还可以将一些特殊的对象和文件导入到Photoshop CS6中或导出到计算机中，进行编辑操作。下面分别对导入和导出图像的方法进行介绍。

1. 导入文件

用户使用Photoshop CS6除可以编辑图像外，还可以编辑视频，但使用Photoshop CS6并不能直接打开视频文件，此时，用户可以将视频帧导入Photoshop CS6的图层中。除此之外，用户还可以导入注释、WIA支持等内容。导入文件的方法是：选择【文件】/【导入】命令，在打开的子菜单中选择所需选项即可进行导入。

2. 导出文件

在实际工作中，用户往往会同时使用多个图像处理软件来对图像进行编辑，这时就需要使用Photoshop CS6自带的导出功能。导出文件的方法是：选择【文件】/【导出】命令，在弹出的子菜单中可以完成多种导出任务。"导出"子菜单中相关选项的含义如下。

- 数据组作为文件：可以按批处理的方法将图像输出为PDF文件。
- Zoomify：可以将高分辨率的图像上传到Web上，利用播放器，用户可以平移或缩放图像。导出时将生成JPG和HTML文件。
- 路径到Illustrator：将路径导出为AI格式，以便用户在Illustrator中继续编辑。
- 渲染视频：将视频导出为Quick Time影片。

1.3.4　保存和关闭图像文件

对于刚创建的或进行编辑后的图像文件，完成操作后都应该对图像文件进行保存，这样可避免因断电或程序出错带来的损失。如果不需要查看和编辑图像，可以将其关闭，以节约计算机内存，提高计算机运行速度。下面分别对保存和关闭图像文件的方法进行介绍。

1. 保存图像文件

新建文件或对打开的文件进行编辑后，还必须保存文件。保存文件的方法是：选择【文件】/【存储】命令，打开"存储为"对话框，在"保存在"下拉列表框中选择存储文件的位置，在"文件名"文本框中输入存储文件的名称，在"格式"下拉列表框中选择存储文件的格式，然后单击 保存(S) 按钮，即可保存图像。

2. 关闭图像文件

关闭图像文件的方法有以下3种。

- 单击图像窗口标题栏最右端的"关闭"按钮 ⊠ 。
- 选择【文件】/【关闭】命令或按【Ctrl+W】组合键。
- 按【Ctrl+F4】组合键。

1.3.5　移动与变换图像文件

移动图像是处理图像时使用非常频繁的操作。当绘制的形状需要在其他位置展现时，可将其移动到需要的位置；若是此文件需要变换大小或样式，可对图像文件进行变换操作。下面分别对移动与变换图像的方法进行介绍。

1. 移动图像

移动图像是通过移动工具实现的。只有选择图像后，用户才能对其进行移动。移动图像包括在同一图像文件中移动图像和在不同的图像文件中移动图像两种方式。

- 在同一图像文件中移动图像：在"图层"面板中单击选择要移动的对象所在的图层，在工具箱中选择移动工具 ▸⊕，使用鼠标拖动即可移动该图层中的图像。
- 在不同的图像文件中移动图像：在处理图像时，时常需要在一个图像文件中添加别的图像，此时就需要将其他图像移动到正在编辑的图像中。在不同的图像文件中移动图像的方法是：打开两个或两个以上的图像文件，选择移动工具 ▸⊕，使用鼠标选择需要移动的图像图层，按住鼠标左键将其拖动到目标图像中即可。

2. 变换图像

变换图像是编辑处理图像经常使用的操作，它可以使图像产生缩放、旋转、斜切、扭曲、透视和变形等效果。下面分别进行介绍。

- 缩放图像：选择【编辑】/【变换】/【缩放】命令，出现定界框，将鼠标指针移至定界框右下角的控制点上，当其变成 ⤡ 形状时，按住鼠标左键不放并拖动，可放大或缩小图像，在缩小图像的同时按住【Shift】键，可保持图像的宽高比不变，如图1-32所示。
- 旋转图像：选择【编辑】/【变换】/【旋转】命令，将鼠标指针移至定界框的任意一角上，当其变为 ↻ 形状时，按住鼠标左键不放并拖动可旋转图像，如图1-33所示。

图1-32　缩放图像　　　　　　　　　　图1-33　旋转图像

- 斜切图像：选择【编辑】/【变换】/【斜切】命令，将鼠标指针移至定界框的任意一角上，当其变为 ![指针] 形状时，按住鼠标左键不放并拖动可斜切图像，如图1-34所示。

- 扭曲图像：选择【编辑】/【变换】/【扭曲】命令，将鼠标指针移至定界框的任意一角上，当其变为 ▶ 形状时，按住鼠标左键不放并拖动可扭曲图像，如图1-35所示。

图1-34　斜切图像　　　　　　　　　　　　　　图1-35　扭曲图像

- 透视图像：选择【编辑】/【变换】/【透视】命令，将鼠标指针移至定界框的任意一角上，当鼠标指针变为 ▶ 形状时，按住鼠标左键不放并拖动可透视图像，如图1-36所示。
- 变形图像：选择【编辑】/【变换】/【变形】命令，图像中将出现由9个调整方格组成的调整区域，在其中按住鼠标左键不放并拖动可变形图像。按住每个端点中的控制杆进行拖动，还可以调整图像变形效果，如图1-37所示。

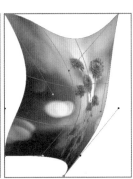

图1-36　透视图像　　　　　　　　　　　　　　图1-37　变换图像

↘ 1.3.6　复制与粘贴图像文件

在对文件的移动过程中，若需要在不改变原图形位置的基础上对原图形进行复制，可按【Ctrl+C】组合键或选择【编辑】/【拷贝】命令进行复制操作。完成复制后，再按【Ctrl+V】组合键对复制内容进行粘贴。注意，复制的对象只能是选区中的内容，若需要单独对某图形进行复制操作，需要先将其框选出来，再进行其他操作，如图1-38所示。

图1-38　复制粘贴图像

经验之谈

　　　　在复制过程中，若对象不是选区或没有创建选区，可直接按住【Alt】键不放，对图像进行拖动，当移动到适当位置后，释放鼠标，即可进行复制操作。

CHAPTER

02

第2章
使用选区和图层美化图像

选区和图层是Photoshop的重要知识和操作技能，是网店美工经常使用的功能。其中选区用于选择图像中的区域，从而实现只对该选择区域的图像进行操作的目的；图层就像在图像上添加的一层层内容，所有内容组合在一起就形成了完整的图像效果。选区和图层都有一个共同特点，即它们都可对图像某部分的内容进行操作，而非整个图像。本章将对选区和图层的使用方法分别进行介绍。

- 创建与编辑选区
- 创建与编辑图层

本章要点

2.1 创建与编辑选区

使用选区可保护选区外的图像不受影响，只对选区内的图像效果进行编辑。在Photoshop中创建选区一般通过各种选区工具来完成，如选框工具、套索工具、魔棒工具、快速选择工具及"色彩范围"菜单命令等。完成选区的创建后，用户还需要对选区进行编辑操作，如选区的基本操作、编辑选区及存储和载入选区等。

⬊ 2.1.1 创建几何选区

几何选区是实例中使用最多的工具之一。创建几何选区需要使用选框工具，包括矩形选框工具、椭圆选框工具、单行选框工具和单列选框工具，主要用于创建规则的选区。将鼠标指针移到工具箱的选框工具 ▦ 上，单击鼠标右键或按住鼠标左键不放，打开的下拉列表框中可选择需要的工具。下面将分别对这些常见的几何选区工具进行介绍。

1. 矩形选框工具

选择工具箱中的矩形选框工具 ▦ ，按住鼠标左键拖动即可创建矩形形状的选区；在创建矩形选区时按住【Shift】键，则可创建正方形形状的选区，如图2-1所示。如需绘制固定大小的选区，可选择矩形选框工具 ▦ 后，在其工具属性栏的"样式"下拉列表框中选择"固定大小"选项，再在其后的文本框中输入矩形选框的长和宽。

2. 椭圆选框工具

椭圆选框工具的使用方法和矩形选框工具相同，图2-2所示为创建椭圆选区和正圆选区的效果。

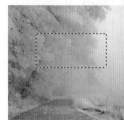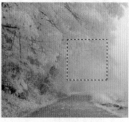

图2-1　创建矩形和正方形选区　　　　　　图2-2　创建椭圆形和正圆选区

3. 单行、单列选框工具

当用户在Photoshop CS6中绘制表格式的多条平行线或制作网格线时，使用单行选框工具 ▬ 和单列选框工具 ▮ 会十分方便。在工具箱中选择单行选框工具 ▬ 或单列选框工具 ▮ ，在图像上单击，即可创建出一个宽度为1像素的行或列选区，如图2-3和图2-4所示。

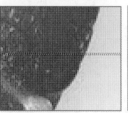

图2-3　创建单行选区　　　　　　　　图2-4　创建单列选区

⬂ 2.1.2　创建不规则选区

针对不同的物体，除了可以对规则图形创建几何选区外，还可以使用套索工具组的工具创建不规则的选区。套索工具组主要包括套索工具、多边形套索工具和磁性套索工具。其打开方法与矩形选框工具组的打开方法一致。下面分别对这几个工具进行介绍。

1. 套索工具

套索工具 ♀.主要用于创建不规则选区。选择套索工具 ♀.后，在图像中按住鼠标左键不放并拖动，完成选择后释放鼠标，绘制的套索线将自动闭合成为选区，如图2-5所示。

2. 多边形套索工具

多边形套索工具主要用于选择边界多为直线或边界曲折的复杂图形。在工具箱中选择多边形套索工具 ♥.，先在图像中单击创建选区的起始点，然后沿着需要选取的图像区域移动鼠标指针，并在多边形的转折点处单击，作为多边形的一个顶点。当回到起始点时，鼠标指针右下角将出现一个小圆圈，单击起始点即生成最终的选区，如图2-6所示。

图 2-5　使用套索工具创建选区　　　　　图 2-6　使用多边形套索工具创建选区

经验之谈

　　在使用多边形套索工具选择图像时，按【Shift】键可按水平、垂直、45°方向选取线段；按【Delete】键可删除最近选择的一条线段。

3. 磁性套索工具

磁性套索工具适用于在图像中沿图像颜色反差较大的区域创建选区。在工具箱中选择磁性套索工具 ♀.后，单击创建选区的起始点，沿图像的轮廓拖动鼠标，系统自动捕捉图像中对比度较大的图像边界并自动产生节点，当到达起始点时单击即可完成选区的创建，如图2-7所示。

图 2-7　使用磁性套索工具创建选区

经验之谈

在使用磁性套索工具创建选区的过程中，可能会由于鼠标指针未移动恰当从而产生多余的节点，此时可按【Backspace】键或【Delete】键删除最近创建的磁性节点，然后继续绘制选区。

2.1.3　创建颜色选区

除了前面两种创建选区的方法外，还可以使用魔棒工具或快速选择工具对颜色进行替换，创建颜色选区。下面分别对这两种工具进行介绍。

1. 魔棒工具

魔棒工具用于选择图像中颜色相似的区域。在工具箱中选择魔棒工具 ，然后在图像中的某点上单击，即可将该图像附近颜色相同或相似的区域选取出来。魔棒工具的工具属性栏如图2-8所示，在其中通过设置可调整使用魔棒工具选择的区域。

图 2-8　魔棒工具属性栏

魔棒工具属性栏中相关选项的含义如下。

- "容差"数值框：用于控制选定颜色的范围，值越大，颜色区域越广。图2-9所示分别是容差值为5和容差值为25时的效果。
- "连续"复选框：单击选中该复选框，则只选择与单击点相连的同色区域；撤销选中该复选框，整幅图像中符合要求的色域将全部被选中，如图2-10所示。
- "对所有图层取样"复选框：当单击选中该复选框并在任意一个图层上应用魔棒工具时，所有图层上与单击处颜色相似的地方都会被选中。

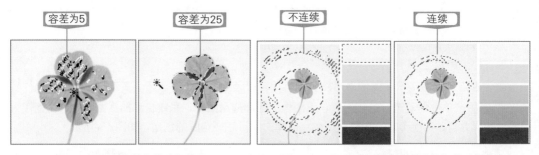

图 2-9　不同容差值的选择效果　　　图 2-10　取消选中与选中"连续"复选框效果

2. 快速选择工具

快速选择工具是魔棒工具的快捷版本，可以不用任何快捷键进行加选，在快速选择颜色差异大的图像时非常直观和快捷。其工具属性栏中包含"新选区""添加到选区"和"从选区减去"3种模式。使用时按住鼠标左键不放拖动即可选择对应的区域，其操作如同绘画，如图2-11所示。

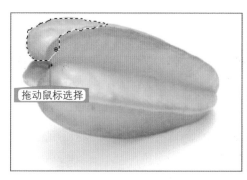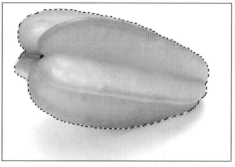

图2-11 快速获取选区

2.1.4 编辑选区

当绘制的选区不能满足对图像处理的要求时，可进行调整与编辑，如全选、反选、移动、修改、变换、存储和载入选区等操作，下面分别进行介绍。

- 全选选区：当需要全选整个图像文件时，可使用全选的方式全选图像，此时整个图像将被选中。其方法为：选择【选择】/【全部】命令或按【Ctrl+A】组合键即可选择整个图像。

- 反选选区：用于选取图像中除选区以外的其他图像区域。其方法为：选择【选择】/【反选】命令或按【Ctrl+Shift+I】组合键即可反选选区。

- 移动选区：当需要将选区移动到其他位置进行显示时，可使用移动工具来完成。其方法为：选择移动工具 ，然后将鼠标指针移动到选区内，按住鼠标左键不放并拖动，即可移动选区的位置，如图2-12所示。使用→、←、↑、↓方向键可以进行微移。

图2-12 移动选区前后的图像效果

- 变换选区：使用矩形或椭圆选框工具往往不能一次性准确地框选需要的范围，此时可使用"变换选区"命令对选区实施自由变形。变换选区不会影响选区中的图像。其方法为：绘制好选区后，选择【选择】/【变换选区】命令或按【Ctrl+T】组合键即可进行变换操作，选区的边框上将出现8个控制点。当鼠标指针在选区内变为 形状时，按住鼠标左键不放并拖动可移动选区；将鼠标指针移到控制点上，按住鼠标左键不放并拖动控制点可调整选区中的图像内容，如调整大小、旋转和斜切等（见图2-13），其方法与变换图

像操作相同。完成后按【Enter】键确定操作，按【Esc】键可以取消操作，取消后选区恢
复到调整前的状态。

图2-13　变换选区

● 平滑选区：平滑选区能让创建的选区范围变得连续而平滑。其方法为：选择【选择】/
【修改】/【平滑】命令，打开"平滑选区"对话框，在"取样半径"数值框中输入数
值，单击 **确定** 按钮，如图2-14所示。

图2-14　平滑选区

● 羽化选区：羽化是图像处理中常用到的一种效果，它可以在选区和背景之间创建一条模
糊的过渡边缘，使选区产生"晕开"的效果。其方法为：选择【选择】/【修改】/【羽
化】命令或按【Shift＋F6】组合键，打开"羽化选区"对话框，在其中输入"羽化半
径"值，单击 **确定** 按钮即可完成选区的羽化，如图2-15所示。其中羽化半径值越
大，得到的选区边缘越平滑。

图2-15　羽化选区

● 扩展选区：在为图像制作叠加或重影等效果时，可使用"扩展"命令精确扩展图像，让整个操作过程更加准确且轻松。其方法为：选择【选择】/【修改】/【扩展】命令，打开"扩展选区"对话框。在"扩展量"数值框中输入数值，单击 确定 按钮将选区扩大，如图2-16所示。

图2-16 扩展选区

● 收缩选区：当需要对选区的内部创建轮廓时，可使用收缩选区的方法，将选区直接收缩到内部再进行编辑操作。其方法为：选择【选择】/【修改】/【收缩】命令，打开"收缩选区"对话框。在"收缩量"数值框中输入数值，单击 确定 按钮将选区缩小，如图2-17所示。

图2-17 收缩选区

● 存储选区：当需要对多个图像创建选区时，可将绘制的选区进行存储。其方法为：选择【选择】/【存储选区】命令，或在选区上单击鼠标右键，在弹出的快捷菜单中选择"存储选区"命令，打开"存储选区"对话框，如图2-18所示。

● 载入选区：与存储选区相反，若需要对已经存储的选区再次进行使用，可将选区载入。其方法为：选择【选择】/【载入选区】命令，打开"载入选区"对话框，在该对话框中进行设置可将已存储的选区载入图像中，如图2-19所示。

图2-18 "存储选区"对话框　　　　　　　图2-19 "载入选区"对话框

2.2 创建与编辑图层

选区主要用于抠取图像中的图像，抠取成功后，除了直接使用外，还可复制到单独的图层上进行编辑。图层的出现使用户不需要在同一个平面中编辑图像，让制作出的图像元素变得更加丰富。本节将介绍和图层相关的基本操作。

↘ 2.2.1 认识"图层"面板

"图层"面板是对图层进行操作的主要场所，利用它可对图层进行新建、重命名、存储、删除、锁定和链接等操作。选择【窗口】/【图层】命令，即可打开图2-20所示的"图层"面板，选择图层后，单击对应的按钮即可实现相关操作。

下面分别对"图层"面板中各个按钮的作用进行介绍。

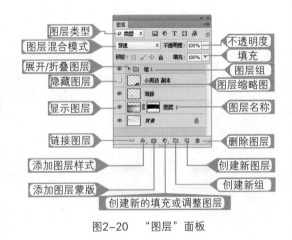

图2-20　"图层"面板

- 图层类型：当图像中的图层过多时，在该下拉列表框中选择一种图层类型，"图层"面板中将只显示该类型的图层。

- 图层混合模式：用于为当前图层设置图层混合模式，使图层与下层图像产生混合效果。
- 不透明度：用于设置当前图层的不透明度。
- 填充：用于设置当前图层的填充不透明度。调整填充不透明度，图层样式不会受到影响。
- 显示/隐藏图层：当图层缩略图前出现 👁 图标时，表示该图层为可见图层；当图层缩略图前不出现 👁 图标时，表示该图层为不可见图层。单击图标可显示或隐藏图层。
- 链接图层：可对两个或两个以上的图层进行链接，链接后的图层可以一起进行移动。此外，图层上也会出现 🔗 图标。
- 展开/折叠图层效果：单击 ▶ 按钮，可展开图层效果，并显示当前图层添加的效果名称。

再次单击将折叠图层效果。

● 图层组：用于将相似功能的图层进行分类。

● 图层名称：用于显示该图层的名称，当面板中的图层很多时，为图层命名可快速找到图层。

● 图层缩略图：用于显示图层中包含的图像内容。其中，棋格区域为图像中的透明区域。

● 添加图层样式：单击面板底部的"添加图层样式"按钮 fx.，在打开的下拉列表中选择一个图层样式，可为图层添加一种图层样式效果。

● 添加图层蒙版：单击"添加图层蒙版"按钮 ，可为当前图层添加图层蒙版。

● 创建新的填充或调整图层：单击"创建新的填充或调整图层"按钮 ，可在打开的下拉列表中选择相应的选项，创建对应的填充图层或调整图层。

● 创建新组：单击"创建新组"按钮 ，可创建一个图层组。

● 创建新图层：单击"创建新图层"按钮 ，可在当前图层上方新建一个图层。

● 删除图层：单击"删除图层"按钮 ，可将当前选中的图层或图层组删除。在选中图层或图层组时，按【Delete】键也可删除图层。

2.2.2　新建图层

所有图层都在"图层"面板中。认识了面板后，用户即可对图层进行新建操作。新建图层时，首先要新建或打开一个图像文件，然后通过"图层"面板快速创建，也可以通过命令进行新建。在Photoshop中可新建多种图层，下面分别讲解常用图层的新建方法。

1. 新建普通图层

新建普通图层指在当前图像文件中创建新的空白图层，新建的图层将位于当前图层的上方。用户可通过以下两种方法进行创建。

● 选择【图层】/【新建图层】命令，打开"新建图层"对话框，在其中设置图层的名称、颜色、模式及不透明度，然后单击 确定 按钮，即可新建图层。

● 单击"图层"面板底部的"创建新图层"按钮 ，即可新建一个普通图层。

2. 新建文字图层

当用户在图像中输入文字后，"图层"面板中将自动新建一个相应的文字图层。新建文字图层的方法是在工具箱的文字工具组中选择一种文字工具，在图像中单击定位插入点，输入文字后即可得到一个文字图层，如图2-21所示。

3. 新建填充图层

Photoshop CS6中有3种填充图层，分别是纯色、渐变及图案。选择【图层】/【新建填充图层】命令，在弹出的菜单中可选择新建的图层类型。图2-22所示为创建纯色填充图层并设置不透明度后的效果。

经验之谈

若在图像中创建了选区，选择【图层】/【新建】/【通过拷贝的图层】命令或按【Ctrl+J】组合键，可将选区内的图像复制到一个新的图层中，原图层中的内容保持不变；若没有创建选区，则执行该命令时会将当前图层中的全部内容复制到新图层中。

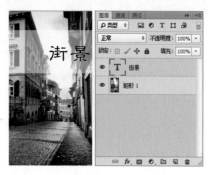

图2-21 文字图层

图2-22 填充图层

4. 新建形状图层

形状图层主要用于展现形状图层效果。在工具箱的形状工具组中选择一种形状工具，在工具属性栏中默认为"形状"模式，然后在图像中绘制形状，此时"图层"面板中将自动新建一个形状图层。图2-23所示为使用矩形工具绘制图形后创建的形状图层。

5. 新建调整图层

调整图层主要用于精确调整图层的颜色。通过色彩命令调整颜色时，一次只能调整一个图层，而通过新建调整图层则可同时对多个图层上的图像进行调整。

在新建调整图层的过程中，用户还可以根据需要对图像进行色调或色彩调整，同时在创建后也可随时修改及调整，而不用担心损坏原来的图像。其方法为：选择【图层】/【新建调整图层】命令，在打开的子菜单中选择一个调整命令，如选择"色阶"命令，再在打开的"新建图层"对话框中设置调整参数，单击 确定 按钮，即可新建"色阶1"调整图层，如图2-24所示。

图 2-23 形状图层

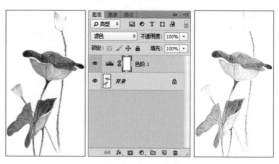

图 2-24 调整图层

经验之谈

调整图层类似于图层蒙版，由调整缩略图和图层蒙版缩略图组成。调整缩略图由于创建调整图层时选择的色调或色彩命令不一样而显示出不同的图像效果；图层蒙版随调整图层的创建而创建，默认情况下填充为白色，即表示调整图层对图像中的所有区域起作用；调整图层的名称会随着创建调整图层时选择的调整命令来显示，例如，当创建的调整图层是用来调整图像的色彩平衡时，则名称为"色彩平衡1"。

2.2.3　复制与删除图层

复制图层就是为已存在的图层创建图层副本；对于不需要使用的图层，则可以将其删除。删除图层后，该图层中的图像也被删除。

1. 复制图层

复制图层主要有以下两种方法。

- 在"图层"面板中复制：在"图层"面板中选择需要复制的图层，按住鼠标左键不放将其拖动到"图层"面板底部的"创建新图层"按钮 上，释放鼠标，即可在该图层上复制一个图层副本。
- 通过菜单命令复制：选择需要复制的图层，选择【图层】/【复制图层】命令，打开"复制图层"对话框，在"为"文本框中输入图层名称并设置选项，单击 确定 按钮即可复制图层。

2. 删除图层

删除图层有以下两种方法。

- 通过命令删除：在"图层"面板中选择要删除的图层，选择【图层】/【删除】/【图层】命令，即可删除图层。
- 通过"图层"面板删除：在"图层"面板中选择要删除的图层，单击"图层"面板底部的"删除图层"按钮 ，即可删除图层。

2.2.4　合并与盖印图层

当图层过多时，图层数量及图层样式的使用都会占用计算机资源，合并相同属性的图层或删除多余的图层能减小文件的大小，同时便于管理。合并与盖印图层都能减小文件的大小，是图像处理中的常用操作方法。

1. 合并图层

合并图层就是将两个或两个以上的图层合并到一个图层上。较复杂的图像处理完成后，一般都会产生大量的图层，从而使图像变大，使计算机处理速度变慢，这时可根据需要对图层进行合并，以减少图层的数量。合并图层的操作主要有以下几种。

- 合并图层：在"图层"面板中选择两个或两个以上要合并的图层，选择【图层】/【合并图层】命令或按【Ctrl+E】组合键即可。
- 合并可见图层：选择【图层】/【合并可见图层】命令或按【Shift+Ctrl+E】组合键即可，该操作不合并隐藏的图层。
- 拼合图像：选择【图层】/【拼合图像】命令，可将"图层"面板中所有可见图层合并，并打开对话框询问是否丢弃隐藏的图层，同时以白色填充所有透明区域。

2. 盖印图层

盖印图层是比较特殊的图层合并方法，利用它可将多个图层的内容合并到一个新的图层中，同时保留原来的图层不变。盖印图层的操作主要有以下几种。

- 向下盖印：选择一个图层，按【Ctrl+Alt+E】组合键，可将该图层盖印到下面的图层中，原图层保持不变。
- 盖印多个图层：选择多个图层，按【Ctrl+Alt+E】组合键，可将选择的图层盖印到一个新的图层中，原图层保持不变。
- 盖印可见图层：按【Shift+Ctrl+Alt+E】组合键，可将所有可见图层中的图像盖印到一个新的图层中，原图层保持不变。

2.2.5 对齐与分布图层

在Photoshop的图层调整过程中，可通过对齐与分布图层快速调整图层内容，实现图像间的精确移动。

1. 对齐图层

若要将多个图层中的图像内容对齐，可按【Shift】键，在"图层"面板中选择多个图层，然后选择【图层】/【对齐】命令，在子菜单中选择对齐命令进行对齐。如果所选图层与其他图层链接，则可以对齐与之链接的所有图层，如图2-25所示。

2. 分布图层

若要让更多的图层采用一定的规律均匀分布，可选择这些图层，然后选择【图层】/【分布】命令，在其子菜单中选择相应的分布命令，如图2-26所示。

图2-25 对齐图层   图2-26 分布图层

2.2.6 移动与链接图层

在图层的调整过程中，若需要对图层的叠放顺序进行调整，可使用移动图层来解决；若需要同时移动多个图层，可先将需要移动的图层链接起来，再进行移动操作。下面分别对移动和链接图层的方法进行介绍。

1. 移动图层

在"图层"面板中，图层是按创建的先后顺序堆叠在一起的，上面图层的内容会遮盖下面图层的内容。改变图层的排列顺序即为改变图层的堆叠顺序。改变图层排列顺序的方法是选择要移动的图层，选择【图层】/【排列】命令，在打开的子菜单中选择需要的命令即可移动图层，如图2-27所示。

图2-27 移动图层

子菜单中相关选项的含义如下。

- 置为顶层：将当前选择的活动图层移动到最顶部。
- 前移一层：将当前选择的活动图层向上移动一层。
- 后移一层：将当前选择的活动图层向下移动一层。
- 置为底层：将当前选择的活动图层移动到最底部。

2. 链接图层

链接图层可使多个图层同时进行移动、缩放等操作。选择两个或两个以上的图层，在"图层"面板上单击"链接图层"按钮  或选择【图层】/【链接图层】命令，即可将所选的图层链接起来。图2-28所示为链接"相机图标"与"相机"文字图层，并移动图层的位置。

图 2-28　链接图层

 经验之谈

> 如果要取消图层间的链接，需要先选择所有的链接图层，然后单击"图层"面板底部的"链接图层"按钮 ⊖；如果只想取消某一个图层与其他图层间的链接关系，只需选择该图层，再单击"图层"面板底部的"链接图层"按钮 ⊖ 即可。

2.2.7　图层混合模式

除了前面讲解的图层操作外，用户还可使用图层混合模式对图形效果进行调整。图层混合模式是指上一层图层与下一层图层的像素进行混合，从而得到一种新的图像效果。通常情况下，上层的像素会覆盖下层的像素。Photoshop CS6提供了20多种不同的图层混合模式，不同的图层混合模式可以产生不同的效果。

单击"图层"面板中的 [正常] 按钮，在打开的下拉列表框中即可选择需要的模式，如图2-29所示。下面分别介绍各种混合模式选项的作用。

- 正常：系统默认的图层混合模式，未设置时均为此模式，上面图层中的图像完全遮盖下面图层对应的区域。
- 溶解：如果上面图层中的图像具有柔和的半透明效果，选择该混合模式可生成像素点状的效果。
- 变暗：选择该模式后，上面图层中较暗的像素将代替下面图层中与之相对应的较亮像素，而下面图层中较暗的像素将代替上面图层中与之相对应的较亮像素，从而使叠加后的图像区域变暗。

图 2-29　图层混合模式

- 正片叠底：该模式对上面图层中的颜色与下面图层中的颜色进行混合相乘，形成一种光线透过两张叠加在一起的幻灯片的效果，从而得到比原来两种颜色更深的颜色效果。

- **颜色加深**：选择该模式后，可增强上面图层与下面图层之间的对比度，从而得到颜色加深的图像效果。
- **线性加深**：该模式将变暗所有通道的基色，并通过提高其他颜色的亮度来反映混合颜色。此模式对于白色将不产生任何变化。
- **深色**：该模式与"变暗"模式相似。
- **变亮**：该模式与"变暗"模式的作用相反，将下面图层中比上面图层中更暗的颜色作为当前显示颜色。
- **滤色**：该模式对上面图层与下面图层中相对应的较亮颜色进行合成，从而生成一种漂白增亮的图像效果。
- **颜色减淡**：该模式将通过减小上下图层中像素的对比度来提高图像的亮度。
- **线性减淡（添加）**：该模式与"线性加深"模式的作用刚好相反，是通过加亮所有通道的基色，并通过降低其他颜色的亮度来反映混合颜色。此模式对于黑色将不产生任何变化。
- **浅色**：该模式与"变亮"模式相似。
- **叠加**：该模式根据下面图层的颜色，与上面图层中相对应的颜色进行相乘或覆盖，产生变亮或变暗的效果。
- **柔光**：该模式根据下面图层中颜色的灰度值与对上面图层中相对应的颜色进行处理，高亮度的区域更亮，暗部区域更暗，从而产生一种柔和光线照射的效果，具体取决于混合色。此效果与发散的聚光灯照在图像上相似。如果混合色（光源）比50%灰色亮，则图像变亮，就像被减淡一样；如果混合色（光源）比50%灰色暗，则图像变暗，就像被加深一样。用纯黑色或纯白色绘画会产生明显较暗或较亮的区域，但不会产生纯黑色或纯白色。
- **强光**：该模式与"柔光"模式类似，也是对下面图层中的灰度值与上面图层进行处理。不同的是产生的效果就像一束强光照射在图像上一样，具体取决于混合色。此效果与耀眼的聚光灯照在图像上相似。如果混合色（光源）比50%灰色亮，则图像变亮，就像过滤后的效果，这对于向图像添加高光非常有用；如果混合色（光源）比50%灰色暗，则图像变暗，就像复合后的效果，这对于向图像添加阴影非常有用。用纯黑色或纯白色绘画会产生纯黑色或纯白色。
- **亮光**：该模式通过增加或减小上下图层中颜色的对比度来加深或减淡颜色，具体取决于混合色。如果混合色比50%灰色亮，则通过减小对比度使图像变亮；如果混合色比50%灰色暗，则通过增加对比度使图像变暗。
- **线性光**：该模式将通过减小或增加上下图层中颜色的亮度来加深或减淡颜色，具体取决于混合色。如果混合色比50%灰色亮，则通过增加亮度使图像变亮；如果混合色比50%灰色暗，则通过减小亮度使图像变暗。
- **点光**：该模式与"线性光"模式相似，是根据上面图层与下面图层的混合色来决定替换部分较暗或较亮像素的颜色。如果混合色（光源）比50%灰色亮，则替换比混合色暗的像素，而不改变比混合色亮的像素；如果混合色比50%灰色暗，则替换比混合色亮的像素，而不改变比混合色暗的像素，这对于向图像添加特殊效果非常有用。
- **实色混合**：该模式是将混合颜色的红色、绿色及蓝色通道值添加到基色的RGB值中。如果通道的结果总和大于或等于255，则值为255；如果小于255，则值为0。因此，所有混合像素的红色、绿色和蓝色通道值要么是0，要么是255。这会将所有像素更改为原色：红色、绿色、蓝色、青色、黄色、洋红、白色及黑色。

- 差值：该模式对上面图层与下面图层中颜色的亮度值进行比较，将两者的差值作为结果颜色。当不透明度为100%时，白色将全部反转，而黑色保持不变。
- 排除：该模式由亮度决定是否从上面图层中减去部分颜色，得到的效果与"差值"模式相似，只是更柔和一些。
- 减去：该模式与"差值"模式相似。
- 划分：如果混色与基色相同，则结果为白色；如果混色为白色，则结果为原色；如果混色为黑色，则结果为白色。
- 色相：该模式只是对上下图层中颜色的色相进行相融，形成特殊的效果，但并不改变下面图层的亮度与饱和度。
- 饱和度：该模式只是对上下图层中颜色的饱和度进行相融，形成特殊的效果，但并不改变下面图层的亮度与色相。
- 颜色：该模式只将上面图层中颜色的色相和饱和度融入下面图层中，并与下面图层中颜色的亮度值进行混合，但不改变其亮度。
- 明度：该模式与"颜色"模式相反，只将当前图层中颜色的亮度融入下面图层中，但不改变下面图层中颜色的色相和饱和度。

2.2.8 设置图层不透明度

通过设置图层的不透明度，可以使图层产生透明或半透明效果，其方法为：在"图层"面板右上方的"不透明度"数值框中输入数值来进行设置，范围是0%～100%。

要设置某图层的不透明度，应先在"图层"面板中选择该图层，当图层的不透明度小于100%时，将显示该图层和下面图层的图像，不透明度值越小就越透明；当不透明度值为0%时，该图层将不会显示，而完全显示其下面图层的内容。

图2-30所示为设置不同透明度后的对比效果。

图2-30 设置不同透明度

2.2.9 设置图层样式

在Photoshop中，通过为图层应用图层样式，可以制作一些丰富的图像效果，例如，水晶、金属和纹理等效果，都可以通过为图层设置投影、发光和浮雕等图层样式来实现。下面讲解对图层应用图层样式的方法及各图层样式的特点。

1. 添加图层样式

Photoshop提供了10种图层样式效果，它们全都被列举在"图层样式"对话框的"样式"栏中，用户只需选择【图层】/【图层样式】命令，在打开的子菜单中选择一种图像样式命令，或在"图层"面板底部单击"添加图层样式"按钮 *fx*，在打开的下拉列表框中选择需要创建的样式选项，或双击需要添加图层样式的图层，Photoshop将打开"图层样式"对话框，并展开对应的设置面板，完成设置后单击 **确定** 按钮即可完成图层样式的添加，如图2-31所示。

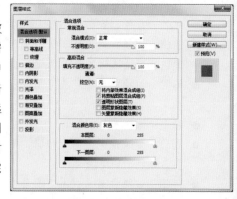

图2-31 "图层样式"对话框

2. 图层样式详解

Photoshop CS6提供了多种图层样式，用户应用其中一种或多种样式后，就可以制作出光照、阴影、斜面与浮雕等特殊效果。下面分别对"图形样式"对话框中的各个样式进行介绍。

- 混合选项：用于控制图层与其下面的图层像素混合的方式。选择【图层】/【图层样式】命令，即可打开"图层样式"对话框，在其中可对整个图层的不透明度与混合模式进行详细设置，其中某些设置可以直接在"图层"面板上进行。
- 斜面和浮雕：使用"斜面和浮雕"图层样式可以为图层添加高光和阴影的效果，让图像看起来更加立体生动。其下方还包括"等高线"和"纹理"复选框，在其中可以为图层添加凹凸、起伏和纹理效果。
- 描边：使用"描边"图层样式可以用颜色、渐变或图案等对图层边缘进行描边，其效果与"描边"命令类似。
- 内阴影：使用"内阴影"图层样式可以在图层内容的边缘内侧添加阴影效果，制作陷入的效果。
- 内发光：使用"内发光"图层样式可沿着图层内容的边缘内侧添加发光效果。
- 光泽：使用"光泽"图层样式可以为图层图像添加光滑而有内部阴影的效果，常用于模拟金属的光泽效果。
- 颜色叠加：使用"颜色叠加"图层样式可以为图层图像叠加自定义的颜色，常用于更改图像的部分色彩。在"颜色叠加"面板中，用户可以通过设置颜色、混合模式及不透明度来对叠加效果进行设置。
- 渐变叠加：使用"渐变叠加"图层样式可以为图层图像中单纯的颜色添加渐变色，从而使图层图像的颜色看起来更加丰富、饱满。
- 图案叠加：使用"图案叠加"图层样式可以为图层图像添加指定的图案。
- 外发光：使用"外发光"图层样式可以沿图层图像边缘向外创建发光效果。设置"外发光"后，可调整发光范围的大小、发光颜色及混合方式等参数。
- 投影：使用"投影"图层样式可为图层图像添加投影效果，常用于增加图像的立体感。在该面板中，用户可设置投影的颜色、大小和角度等参数。

CHAPTER

03

第3章
修饰商品图像的瑕疵

在进行首页和详情页各个版块的编辑时，网店美工需要先对图像进行修饰，毕竟不是所有拍摄的图像都是符合需要的，此时可对这些图像进行修饰，使其更加美观。本章将详细讲解在Photoshop CS6中修饰商品图像瑕疵的方法，包括瑕疵的遮挡与修复、图像表面的修饰和清除图像等。

- 瑕疵的遮挡与修复
- 图像表面的修饰
- 清除图像

本章要点

3.1 瑕疵的遮挡与修复

拍摄的照片常会因为各种原因存在不同类型的瑕疵，此时若要照片达到预期的效果，需要对这些照片中的瑕疵进行遮挡与修复，让照片的效果更加完美。瑕疵的遮挡与修复可使用修复工具中的污点修复画笔工具、修复画笔工具、修补工具和仿制图章工具，下面分别进行介绍。

3.1.1 污点修复画笔工具

污点修复画笔工具 主要用于快速修复图像中的斑点或小块杂物等。只需在工具箱中选择污点修复画笔工具 ，在需要修复的区域进行拖动或点击，即可进行污点的修复。其对应的工具属性栏如图3-1所示。

| 模式: 正常 | 类型: ⊙ 近似匹配 ○ 创建纹理 ○ 内容识别 □ 对所有图层取样 |

图3-1 污点修复画笔工具属性栏

污点修复画笔工具属性栏中相关选项的含义如下。

- "画笔"下拉列表框：用于设置画笔的大小和样式等参数。
- "模式"下拉列表框：用于设置绘制后生成图像与底色之间的混合模式。其中选择"替换"模式时，可保留画笔描边边缘处的杂色、胶片颗粒和纹理。
- "类型"栏：用于设置修复图像区域过程中采用的修复类型。单击选中"近似匹配"单选项，可使用选区边缘周围的像素来查找用作选定区域修补的图像区域；单击选中"创建纹理"单选项，可使用选区中的所有像素创建一个用于修复该区域的纹理，并使纹理与周围纹理相协调；单击选中"内容识别"单选项，可使用选区周围的像素进行修复。
- "对所有图层取样"复选框：单击选中该复选框，修复图像时将从所有可见图层中对数据进行取样。

图3-2所示为使用污点修复画笔工具在白鞋上的污渍处拖动，从而达到去除白鞋上污渍的效果。

图3-2 使用污点修复画笔工具去除污渍后的效果

3.1.2 修复画笔工具

使用修复画笔工具 可通过取样，将样本的纹理、光照、透明度及阴影等与所修复的像素匹配，从而去除照片中的污点和划痕。用户只需在工具箱中选择修复画笔工具 ，在需要修复的图像周围按住【Alt】键不放单击鼠标左键，即可获取图像信息，再在需要修复的区域进行涂抹，即可快速完成修复操作，对应的工具属性栏如图3-3所示。

图3-3 修复画笔工具属性栏

修复画笔工具属性栏中相关选项的含义如下。

- "源"栏：设置用于修复像素的来源。单击选中"取样"单选项，则使用当前图像中定义的像素进行修复；单击选中"图案"单选项，则可从后面的下拉列表框中选择预定义的图案对图像进行修复。
- "对齐"复选框：用于设置对齐像素的方式。
- "样本"下拉列表框：用于设置取样图层的范围。

图3-4所示为使用修复画笔工具在人物脸部的痣处拖动，将其修复，使其与脸部的颜色相同。

图3-4 使用修复画笔工具修复图像后的效果

3.1.3 修补工具

修补工具 是一种使用频繁的修复工具。其工作原理与修复画笔工具 一样，与套索工具 一样绘制一个自由选区，然后通过将该区域内的图像拖动到目标位置，从而完成对目标处图像的修复。选择该工具后，对应的工具属性栏如图3-5所示。

图3-5 修补工具属性栏

修补工具属性栏中相关选项的含义如下。

- "选区创建方式"按钮组：单击"新选区"按钮 ，可以创建一个新的选区，若图像中已有选区，则绘制的新选区会替换原有的选区；单击"添加到选区"按钮 ，可在当前选区的基础上添加新的选区；单击"从选区减去"按钮 ，可在原选区中减去当前绘制的选区；单击"与选区交叉"按钮 ，可得到原选区与当前创建选区相交的部分。
- "修补"下拉列表框：用于设置修补方式，有"正常"和"内容识别"两种修补方式。
- "适应"下拉列表框：下拉列表框中有5个不同程度的适应值，以指定修补在反映现有图像的图案时应达到的近似程度。

图3-6所示为使用修补工具框选小草部分，并向右拖动对框选区域进行修补，多次修补后即可将小草清除。

图3-6　使用修补工具修补图像后的效果

经验之谈

利用修补工具绘制选区与利用自由套索工具绘制选区的方法一样。为了精确绘制选区，可先使用选区工具绘制选区，然后切换到修补工具进行修补。

3.1.4　红眼工具

利用红眼工具 ❤ 可以快速去除照片中人物眼睛由于闪光灯引发的红色、白色或绿色的反光斑点。用户只需选择红眼工具 ❤ ，再在红眼部分单击，即可快速去除红眼效果。其对应的工具属性栏如图3-7所示。

+❤ ▾ | 瞳孔大小: 50% ▾ 变暗量: 50% ▾

图 3-7　红眼工具属性栏

红眼工具属性栏中相关选项的含义如下。

- "瞳孔大小"数值框：用于设置瞳孔（眼睛暗色的中心）的大小。
- "变暗量"数值框：用于设置瞳孔的暗度。

图3-8所示为使用红眼工具 ❤ 去除照片中红眼的效果。

图 3-8　使用红眼工具去除红眼

3.1.5 仿制图章工具

利用仿制图章工具 ![] 可以将图像窗口中的局部图像或全部图像复制到其他图像中，其方法与修复画笔工具类似。用户只需选择仿制图章工具 ![]，按住【Alt】键不放，在需要修复的图像周围单击获取图像信息，再在需要修复的区域进行涂抹即可。但需要注意，使用该工具时要时刻进行取样，这样复制后的图像才会显得更加自然。其工具属性栏如图3-9所示。

图3-9 仿制图章工具属性栏

仿制图章工具属性栏中相关选项的含义如下。

- "切换仿制源面板"按钮 ![]：单击该按钮可打开"仿制源"面板。
- "对齐"复选框：单击选中该复选框，可连续对像素进行取样；撤销选中该复选框，则每单击一次鼠标，都会使用初始取样点中的样本像素进行绘制。
- "样本"下拉列表框：用于选择从指定的图层中进行数据取样。若要从当前图层及其下方的可见图层取样，应在其下拉列表框中选择"当前和下方图层"选项；若仅从当前图层中取样，可选择"当前图层"选项；若要从所有可见图层中取样，可选择"所有图层"选项；若要从调整层以外的所有可见图层中取样，可先选择"所有图层"选项，然后单击选项右侧的"忽略调整图层"按钮 ![] 即可。

图3-10所示为使用仿制图章工具 ![] 去除照片中多余图像的效果。

图 3-10 使用仿制图章工具修复照片背景后的效果

3.1.6 图案图章工具

使用图案图章工具 ![] 可以将Photoshop CS6自带的图案或自定义的图案填充到图像中，就和使用画笔工具绘制图案一样。在工具箱中选择图案图章工具 ![]，在工具属性栏中选择需要的图案，再对需要添加图案的区域进行涂抹即可。其工具属性栏如图3-11所示。

图3-11 图案图章工具属性栏

图案图章工具属性栏中相关选项的含义如下。

- "对齐"复选框：单击选中该复选框，可保持图案与原始起点的连续性；撤销选中该复选框，则每次单击鼠标都会重新应用图案。

- "图案"下拉列表框：在打开的下拉列表框中可以选择所需的图案样式。
- "印象派效果"复选框：单击选中该复选框后，绘制的图案具有印象派绘画的艺术效果。

图3-12所示为使用图案图章工具  为T恤添加图案的效果。

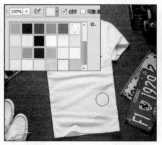

图 3-12　使用图案图章工具为 T 恤添加图案后的效果

3.2　图像表面的修饰

　　照片的瑕疵被遮挡或修复后，还可能存在其他的问题，如画面模糊、脸部不够光滑或颜色显示太暗等，此时可利用Photoshop CS6中的模糊、锐化、涂抹、减淡、加深和海绵等工具对图像表面进行修饰，使画面展现的效果更加美观。下面分别对这些修饰工具进行介绍。

↘ 3.2.1　模糊工具

　　使用模糊工具 可以降低图像中相邻像素之间的对比度，从而使图像产生模糊的效果。选择工具箱中的模糊工具 ，在图像需要模糊的区域单击并拖动鼠标，即可进行模糊处理。其工具属性栏如图3-13所示。其中"强度"数值框用于设置运用模糊工具时着色的力度，值越大，模糊的效果越明显，取值范围为1%~100%。

图 3-13　模糊工具属性栏

模糊工具属性栏中相关选项的含义如下。

- 模式：用于设置模糊后的混合模式。
- 强度：用于设置模糊的强度。

图3-14所示为使用模糊工具 模糊图像的效果。

图3-14　模糊图像效果

↘ 3.2.2 锐化工具

锐化工具 △ 的作用与模糊工具 ○ 刚好相反，它能使模糊的图像变得清晰，常用于增加图像的细节表现，但并不代表进行模糊操作的图像再经过锐化处理就能恢复到原始状态。在工具箱中选择锐化工具 △，其属性栏各选项与模糊工具的作用完全相同。锐化工具 △ 的使用方法也与模糊工具完全相同。图3-15所示为使用锐化工具 △ 修饰图像的效果。

图3-15 锐化图像效果

↘ 3.2.3 涂抹工具

涂抹工具 ⧉ 用于选取单击鼠标起点处的颜色，并沿拖移的方向扩张颜色，从而模拟出用手指在未干的画布上进行涂抹的效果，常在效果图后期用来绘制毛料制品。其工具属性栏各选项的含义与模糊工具相同。图3-16所示为使用涂抹工具 ⧉ 涂抹处理前后的效果。

图3-16 涂抹前后的效果

↘ 3.2.4 减淡工具

减淡工具 🔍 可通过提高图像的曝光度来提高涂抹区域的亮度。用户只需使用该工具在需要减淡的区域进行涂抹即可快速减淡图像，增加图像的亮度。其工具属性栏如图3-17所示。

图3-17 减淡工具属性栏

减淡工具属性栏中相关选项的含义如下。

● 范围：用于设置修改的色调。选择"中间调"选项时，将只修改灰色的中间色调；选择"阴影"选项时，将只修改图像的暗部区域；选择"高光"选项，将只修改图像的亮部区域，如图3-18所示。

图3-18　各范围减淡效果

● 曝光度：用于设置减淡的强度。图3-19所示为20的曝光度与100的曝光度对比。

图3-19　曝光度效果

● 保护色调：单击选中"保护色调"复选框，即可保护色调不受工具的影响。

3.2.5　加深工具

加深工具的作用与减淡工具相反，即通过降低图像的曝光度来降低图像的亮度。加深工具属性栏各选项与减淡工具的作用完全相同，其操作方法也相同。图3-20所示为加深工具的属性栏。

图3-20　加深工具属性栏

对图3-21所示的图像进行减淡和加深处理，图3-22所示为使用减淡工具处理后的效果，图3-23所示为使用加深工具处理后的效果。

图 3-21　原图像　　　　　图 3-22　减淡效果　　　　　图 3-23　加深效果

3.2.6　海绵工具

海绵工具 可增加或降低图像的饱和度，即像海绵吸水一样，为图像增加或减少光泽感。用户只需选择该工具，在工具属性栏中选择图像需要的模式，再在图像上方进行涂抹即可快速增加或降低饱和度。其工具属性栏如图3-24所示。

图 3-24　海绵工具属性栏

海绵工具属性栏中各相关选项的含义如下。

● "模式"下拉列表框：用于设置是否增加或降低饱和度，选择"去色"选项，表示降低图像的色彩饱和度；选择"加色"选项，表示增加图像的色彩饱和度。

● "流量"数值框：可设置海绵工具的流量，流量值越大，饱和度改变的效果越明显。

● "自然饱和度"复选框：单击选中该复选框后，在进行增加饱和度的操作时，可避免颜色过于饱和而出现溢色。

图3-25所示为使用海绵工具 展现去色和加色后的效果对比。

图 3-25　海绵效果

3.3　清除图像

在调整图像的过程中，当图像中出现了多余的图像或图像绘制错误时，用户可以通过擦除工具来对图像进行擦除。Photoshop CS6中提供了橡皮擦工具、背景橡皮擦工具和魔术棒橡皮擦工具这3种擦除工具。各橡皮擦工具的用途不同，用户需要根据实际情况进行选择，下面分别进行介绍。

3.3.1　橡皮擦工具

橡皮擦工具 主要用来擦除当前图像中的颜色。选择橡皮擦工具 后，可以在图像中拖动鼠标，根据画笔形状对图像进行擦除，擦除后图像将不可恢复。其工具属性栏如图3-26所示。

图3-26　橡皮擦工具属性栏

橡皮擦工具属性栏各相关选项的含义如下。

● "模式"下拉列表框：单击其右侧的下拉按钮 ，打开的下拉列表框中包含了3种擦除模式，即画笔、铅笔和块。

- "不透明度"下拉列表框：用于设置工具的擦除强度，100%的不透明度可完全擦除像素，较低的不透明度将部分擦除像素。当"模式"为"块"时，不能使用该选项。
- "流量"下拉列表框：用于控制工具的涂抹速度。
- "抹到历史记录"复选框：其作用与历史记录画笔工具的作用相同。单击选中该复选框，在"历史记录"面板中选择一个状态或快照，在擦除时可将图像恢复为指定状态。

图3-27所示为使用橡皮擦工具擦除背景后的效果。

图 3-27　使用橡皮擦工具擦除背景后的效果

↘ 3.3.2　背景橡皮擦工具

与橡皮擦工具 相比，使用背景橡皮擦工具 可以将图像擦除到透明色，擦除时会不断吸取涂抹经过处的颜色作为背景色。其工具属性栏如图3-28所示。

图3-28　背景橡皮擦工具属性栏

背景橡皮擦工具属性栏各相关选项的含义如下。

- "取样连续"按钮 ：单击该按钮，在擦除图像过程中将连续采集取样点。
- "取样一次"按钮 ：单击该按钮，将以鼠标第一次单击位置的颜色作为取样点。
- "取样背景色板"按钮 ：单击该按钮，将当前背景色作为取样色。
- "限制"下拉列表框：单击右侧的下拉按钮，在打开的下拉列表框中选择"不连续"选项，将擦除整幅图像上样本色彩的区域；选择"连续"选项，将只擦除连续的包含样本色彩的区域；选择"查找边缘"选项，将自动查找与取样色彩区域连接的边界，也能在擦除过程中更好地保持边缘的锐化效果。
- "容差"下拉列表框：用于调整需要擦除的与取样点色彩相近的颜色范围。
- "保护前景色"复选框：单击选中该复选框，可保护图像中与前景色匹配的区域不被擦除。

图3-29所示为使用背景橡皮擦工具 擦除手镯背景的方法和完成后的效果。

图 3-29　使用背景橡皮擦工具擦除背景后的效果

3.3.3　魔术橡皮擦工具

魔术橡皮擦工具 是一种根据像素颜色擦除图像的工具。用魔术橡皮擦工具 在图层中单击，所有相似的颜色区域将被擦除且变成透明的区域。其工具属性栏如图3-30所示。

图3-30　魔术橡皮擦工具属性栏

魔术橡皮擦工具属性栏各相关选项的含义如下。

- "容差"文本框：用于设置可擦除的颜色范围。容差值越小，擦的像素范围越小；容差值越大，擦除的像素范围越大。
- "消除锯齿"复选框：单击选中该复选框，会使擦除区域的边缘更加光滑。
- "连续"复选框：单击选中该复选框，则只擦除与邻近区域中颜色类似的部分；撤销选中该复选框，会擦除图像中所有颜色类似的区域。
- "对所有图层取样"复选框：单击选中该复选框，可以利用所有可见图层中的组合数据来采集色样；撤销选中该复选框，则只采集当前图层的颜色信息。
- "不透明度"下拉列表框：用于设置擦除强度，100%的不透明度将完全擦除像素，较低的不透明度可部分擦除像素。

图3-31所示为使用魔术橡皮擦工具 擦除背景后的效果。

图 3-31　使用魔术橡皮擦工具去除背景后的效果

CHAPTER
04

第4章
调整商品图像的色彩

平时我们拍摄的人像照片或风景照片除了存在污点外，还可能由于各种主观因素和客观因素导致色彩失真，此时可以使用Photoshop的调色技术对图像的颜色进行调整。Photoshop CS6中包含了多个调色命令，使用它们可以调出意想不到的效果。

- 图像的明暗调整
- 图像的颜色调整
- 特殊颜色调整

4.1　图像的明暗调整

不同时间段所拍摄的照片所对应的明暗效果不同。为了使图像效果更接近实物，用户可对图像的明暗度进行调整。用户可以先使用自动调色的方法对图像进行调整，再使用"亮度/对比度""色阶""曲线""曝光度""阴影/高光"等命令对图像进行调整。

4.1.1　自动调整色调/对比度/颜色

使用"自动色调""自动对比度""自动颜色"命令可以校正图像中出现的明显偏色、对比度过低及颜色暗淡等问题。执行这些命令时，Photoshop 并不会打开对应的对话框，而是会自动进行调整。

- 自动色调：该命令可自动调整图像中的黑场和白场，将每个颜色通道中最亮和最暗的像素映射到纯白（色阶为255）和纯黑（色阶为0），中间像素值按比例重新分布，从而增强图像的对比度。图4-1所示为应用该命令后的图像对比。
- 自动对比度：该命令可自动调整图像的对比度，使高光看上去更亮、阴影看上去更暗。图4-2所示为应用该命令后的图像对比。

图 4-1　自动色调的对比效果　　　　　　图 4-2　自动对比度的对比效果

- 自动颜色：该命令可以通过搜索图像来标识阴影、中间调和高光，从而调整图像的对比度和颜色，还可以校正偏色的图像。图4-3所示为校正偏蓝的图像。

图 4-3　自动颜色的对比效果

4.1.2　"亮度/对比度"命令

使用"亮度/对比度"命令可以调整图像的亮度和对比度。其方法为：选择【图像】/【调整】/

【亮度/对比度】命令，在打开的"亮度/对比度"对话框中进行调整，如图4-4所示。

"亮度/对比度"对话框中相关选项的含义如下。

- "亮度"数值框：拖动"亮度"下方的滑块或在右侧的数值框中输入数值，可以调整图像的明亮度。

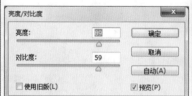

图4-4 "亮度/对比度"对话框

- "对比度"数值框：拖动"对比度"下方的滑块或在右侧的数值框中输入数值，可以调整图像的对比度。

- "使用旧版"复选框：单击选中该复选框，可得到与Photoshop CS6以前版本相同的调整结果。

图4-5所示为对图像使用"亮度/对比度"命令前后的效果。

图4-5 使用"亮度/对比度"命令调整图像前后的效果

4.1.3 "色阶"命令

使用"色阶"命令可以调整图像的高光、中间调及暗调的强度级别，校正色调范围和色彩平衡，即不仅可以调整色调，还可以调整色彩。

使用"色阶"命令可以对整个图像进行操作，也可以对图像的某一范围、某一图层或某一颜色通道进行调整。其方法为：选择【图像】/【调整】/【色阶】命令或按【Ctrl+L】组合键，打开"色阶"对话框，如图4-6所示。

"色阶"对话框中相关选项的含义如下。

- "预设"下拉列表框：单击"预设"选项右侧的▼按钮，在打开的下拉列表框中选择"存储"选项，可将当前的调整参数保存为一个预设文件。在使用相同的方式处理其他图像时，可以用预设的文件自动完成调整。

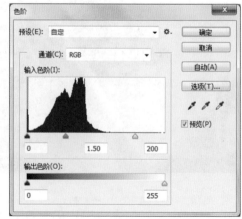

图4-6 "色阶"对话框

- "通道"下拉列表框：在其中可以选择要调整的颜色通道，从而改变图像的颜色。
- 输入色阶：左侧滑块用于调整图像的暗部，中间滑块用于调整图像的中间色调，右侧滑块用于调整图像的亮部。用户可通过拖动滑块或在滑块下的数值框中输入数值进行调整。调整暗部时，低于该值的像素将变为黑色；调整亮部时，高于该值的像素将变为白色。
- 输出色阶：用于限制图像的亮度范围，从而降低图像的对比度，使其呈现褪色效果。
- "设置黑场"按钮 ✎：使用该工具在图像上单击，可将单击点的像素调整为黑色，原图中比该点暗的像素也变为黑色。
- "设置灰场"按钮 ✎：使用该工具在图像上单击，可根据单击点像素的亮度来调整其他中间色调的平均亮度。该按钮常用于校正偏色。
- "设置白场"按钮 ✎：使用该工具在图像上单击，可将单击点的像素调整为白色，原图中比该点亮的像素都将变为白色。
- "自动"按钮：单击 自动(A) 按钮，Photoshop会以0.5%的比例自动调整色阶，使图像的亮度分布更加均匀。
- "选项"按钮：单击 选项(T)... 按钮，将打开"自动颜色校正选项"对话框，在其中可设置黑色像素和白色像素的比例。

图4-7所示为使用"色阶"命令调整图像前后的对比效果。

 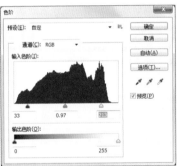 

图4-7　使用"色阶"命令调整图像前后的对比效果

4.1.4　"曲线"命令

使用"曲线"命令也可以调整图像的亮度、对比度并纠正偏色。与"色阶"命令相比，该命令的调整更为精确，是选项最丰富、功能最强大的颜色调整工具。它允许调整图像色调曲线上的任意一点，对调整图像色彩的应用非常广泛。其方法为：选择【图像】/【调整】/【曲线】命令或按【Ctrl+M】组合键，打开"曲线"对话框，将鼠标指针移动到曲线中间，单击可增加一个调节点；按住鼠标左键不放向上方拖动即可调整添加的调节点，向上拖动即可调整亮度，向下拖动即可调整对比度，完成后单击 确定 按钮即可，如图4-8所示。

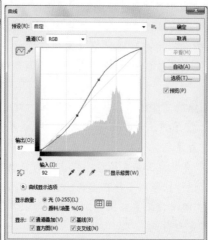

图 4-8　使用"曲线"命令调整图像前后的对比效果

经验之谈

　　"通道"下拉列表框中显示当前图像文件的色彩模式，用户可从中选择单色通道对单一的色彩进行调整。"编辑点以修改曲线"按钮 是系统默认的曲线工具，单击该按钮后，可以通过拖动曲线上的调节点来调整图像的色调。单击"通过绘制来修改曲线"按钮 ，可在曲线图中绘制自由形状的色调曲线。单击"曲线显示选项"栏名称前的 按钮，可以展开隐藏的选项，展开项中有两个田字型按钮，用于控制曲线调节区域的网格数量。

4.1.5　"曝光度"命令

　　使用"曝光度"命令调整"曝光度""位移"和"灰度系数校正"，可以控制图像的明亮程度，使图像变亮或变暗。其方法为：选择【图像】/【调整】/【曝光度】命令，打开图4-9所示的"曝光度"对话框。"曝光度"对话框中相关选项的含义如下。

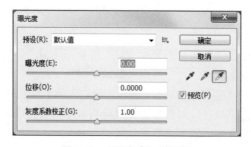

图4-9　"曝光度"对话框

● 曝光度：拖动滑块或在其数值框中输入数值，将对图像中的阴影区域进行调整。
● 位移：拖动滑块或在其数值框中输入数值，将对图像中的中间色调区域进行调整。
● 灰度系数校正：拖动滑块或在其数值框中输入数值，将对图像中的高光区域进行调整。

图4-10所示为对图像使用"曝光度"命令前后的对比效果。

图4-10　使用"曝光度"命令调整图像前后的对比效果

4.1.6　"阴影/高光"命令

使用"阴影/高光"命令可以修复图像中过亮或过暗的区域，从而使图像显示更多的细节。其方法为：选择【图像】/【调整】/【阴影/高光】命令，打开图4-11所示的"阴影/高光"对话框。"阴影/高光"对话框中相关选项的含义如下。

图4-11　"阴影/高光"对话框

- "阴影"栏：用来增加或降低图像中的暗部色调。
- "高光"栏：用来增加或降低图像中的高光部分色调。

图4-12所示为对图像使用"阴影/高光"命令前后的对比效果。

图4-12　使用"阴影/高光"命令调整图像前后的对比效果

4.2 图像的颜色调整

要想让图像达到出色的展现效果，不但需要有合理的明暗效果，还要有合理的颜色展现，此时用户需要掌握颜色的调整。调整图像的颜色主要使用"自然饱和度""色相饱和度""色彩平衡""黑白""照片滤镜"和"通道混合器"等命令，下面分别进行介绍。

4.2.1 "自然饱和度"命令

使用"自然饱和度"命令可增加图像色彩的饱和度，常用于在增加饱和度的同时，防止颜色过于饱和而出现溢色，适合于处理人物图像。其方法为：选择【图像】/【调整】/【自然饱和度】命令，打开"自然饱和度"对话框，在"自然饱和度"和"饱和度"文本框中分别输入对应的值或拖动滑块，单击 确定 按钮即可完成自然饱和度的调整，如图4-13所示。

图4-13　使用"自然饱和度"命令调整图像前后的对比效果

4.2.2 "色相/饱和度"命令

使用"色相/饱和度"命令可以对图像的色相、饱和度及明度进行调整，从而达到改变图像颜色的目的。其方法为：选择【图像】/【调整】/【色相/饱和度】命令或按【Ctrl+U】组合键，打开"色相/饱和度"对话框，如图4-14所示。

"色相/饱和度"对话框中相关选项的含义如下。

图4-14　"色相/饱和度"对话框

- "全图"下拉列表框：可以选择调整范围，系统默认选择"全图"选项，即对图像中的所有颜色有效；也可以选择对单个的颜色进行调整，有红色、黄色、绿色、青色、蓝色和洋红选项。
- "色相"数值框：通过拖动滑块或输入数值可以调整图像的色相。
- "饱和度"数值框：通过拖动滑块或输入数值可以调整图像的饱和度。
- "明度"数值框：通过拖动滑块或输入数值可以调整图像的明度。
- "着色"复选框：单击选中该复选框，可使用同种颜色来置换原图像中的颜色。

图4-15所示为使用"色相/饱和度"命令调整图像的前后效果。

图4-15　使用"色相／饱和度"命令调整图像前后的对比效果

4.2.3　"色彩平衡"命令

使用"色彩平衡"命令可以根据需要在图像原色的基础上添加其他颜色，或通过增加某种颜色的补色以减少该颜色的数量，从而改变图像的原色彩，多用于调整明显偏色的图像。其方法为：选择【图像】/【调整】/【色彩平衡】命令或按【Ctrl+B】组合键，打开"色彩平衡"对话框，如图4-16所示。

"色彩平衡"对话框中相关选项的含义如下。

图4-16　"色彩平衡"对话框

- "色彩平衡"栏：拖动3个滑块或在色阶后的数值框中输入相应的值，可使图像增加或减少相应的颜色。
- "色调平衡"栏：用于选择需要着重进行调整的色彩范围。单击选中"阴影""中间调"或"高光"某个单选项，就会对相应色调的像素进行调整。单击选中"保持明度"复选框，可保持图像的色调不变，防止亮度值随颜色的更改而改变。

图4-17所示为使用"色彩平衡"命令调整图像的前后效果。

图4-17　使用"色彩平衡"命令调整图像前后的对比效果

4.2.4　"黑白"命令

使用"黑白"命令能够将彩色照片转换为黑白照片，并能对图像中各颜色的色调深浅进行调整，使黑白照片更有层次感。其方法为：选择【图像】/【调整】/【黑白】命令，打开"黑白"对话框，在其中可以调整图像中的颜色，如图4-18所示。当数值低时，图像中对应的颜色将变暗，当数值高时，图像中对应的颜色将变亮。

图4-18　调整黑白前后的对比效果

4.2.5　"照片滤镜"命令

使用"照片滤镜"命令可以模拟传统光学滤镜特效，使图像呈暖色调、冷色调或其他颜色色调显示。其方法为：选择【图像】/【调整】/【照片滤镜】命令，打开"照片滤镜"对话框，如图4-19所示。

"照片滤镜"对话框中相关选项的含义如下。

图4-19　"照片滤镜"对话框

- "滤镜"下拉列表框：可以选择滤镜的类型。
- "颜色"单选项：单击右侧的色块，可以在打开的对话框中自定义滤镜的颜色。
- "浓度"数值框：通过拖动滑块或输入数值来调整所添加颜色的浓度。
- "保留明度"复选框：单击选中该复选框后，添加颜色滤镜时仍然保持原图像的明度。

图4-20所示为对图像使用"照片滤镜"命令调整前后的效果。

图4-20　使用"照片滤镜"命令调整图像前后的对比效果

4.2.6　"通道混合器"命令

使用"通道混合器"命令可以对图像不同通道中的颜色进行混合，从而达到改变图像色彩的目的。其方法为：选择【图像】/【调整】/【通道混合器】命令，打开"通道混合器"对话框，如图4-21所示。

"通道混合器"对话框中相关选项的含义如下。

- "输出通道"下拉列表框：用于选择要调整的颜色通道。不同颜色模式的图像，其中的颜色通道选项也各不相同。
- "源通道"栏：拖动下方的颜色通道滑块或在输入框中输入数据，可调整源通道在输出通道中所占的颜色百分比。

图4-21　"通道混合器"对话框

- "常数"数值框：用于调整输出通道的灰度值，负值将增加黑色，正值将增加白色。
- "单色"复选框：单击选中该复选框，可以将图像转换为灰度模式。

图4-22所示为使用"通道混合器"命令对图像的通道进行颜色调整的前后对比效果。

图 4-22　使用"通道混合器"命令调整图像前后的对比效果

4.3　特殊图像调整

除了上述文中讲到的对图像的明暗度和色彩进行调整外，用户还可以使用"反相""色调分离""阈值""渐变映射"和"色调均化"等特殊命令对图像进行处理，以满足一些特殊的图像设计要求。下面分别进行介绍。

4.3.1　"反相"命令

使用"反相"命令可以反转图像中的颜色信息，常用于制作胶片效果。其方法为：选择【图像】/【调整】/【反相】命令，图像中每个通道的像素亮度值将转换为256级颜色值上相反的值。使用该命令可以创建边缘蒙版，以便向图像的选定区域应用锐化和其他操作。当再次使用该命令时，即可还原图像颜色，如图4-23所示。

图4-23　使用"反相"命令前后的对比效果

4.3.2　"色调分离"命令

使用"色调分离"命令可以指定图像的色调级数，并按此级数将图像的像素映射为最接近的颜色。其方法为：选择【图像】/【调整】/【色调分离】命令，打开"色调分离"对话框，在"色阶"数值框中输入不同的数值或拖动滑块即可。图4-24所示为"色阶"值分别为4和12时的效果，其中色阶值越大，其分离效果越不明显。

图4-24　不同"色阶"值的展现效果

4.3.3　"渐变映射"命令

使用"渐变映射"命令可使图像颜色根据指定的渐变颜色进行改变。其方法为：选择【图像】/【调整】/【渐变映射】命令，打开"渐变映射"对话框，如图4-25所示。

"渐变映射"对话框中相关选项的含义如下。

图4-25　"渐变映射"对话框

- 灰底映射所用的渐变：单击渐变条右边的下拉按钮，在打开的下拉列表框中将出现一个包含预设效果的选择面板，在其中可选择需要的渐变样式。
- 仿色：单击选中"仿色"复选框，可以添加随机的杂色来平滑渐变填充的外观，让渐变更加平滑。

● 反向：单击选中"反向"复选框，可以反转渐变颜色的填充方向。

图4-26所示为使用"渐变映射"命令前后的对比效果。

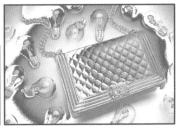

图 4-26　使用"渐变映射"命令前后的对比效果

4.3.4　"阈值"命令

使用"阈值"命令可以将一张彩色或灰度的图像调整成高对比度的黑白图像，常用于确定图像的最亮和最暗区域。其方法为：选择【图像】/【调整】/【阈值】命令，打开"阈值"对话框。该对话框显示了当前图像亮度值的坐标图，拖动滑块或者在"阈值色阶"数值框中输入数值来设置阈值，其取值范围为1~255。完成后单击 确定 按钮，如图4-27所示。

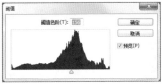

图 4-27　使用"阈值"命令调整后的对比效果

4.3.5　"可选颜色"命令

使用"可选颜色"命令可以对RGB、CMYK及灰度等模式图像中的某种颜色进行调整，而不影响其他颜色。其方法为：选择【图像】/【调整】/【可选颜色】命令，打开"可选颜色"对话框，如图4-28所示。

"可选颜色"对话框中相关选项的含义如下。

● "颜色"下拉列表框：设置要调整的颜色，再拖动下面的各个颜色滑块，即可调整所选颜色中青色、洋红、黄色及黑色的含量。

● "方法"栏：选择增减颜色模式，单击选中"相对"单选项，按CMYK总量的百分比来调整颜色；单击选中"绝对"单选项，按CMYK总量的绝对值来调整颜色。

图4-28　"可选颜色"对话框

图4-29所示为对照片中的深蓝色进行调整，使其变为紫色。

图4-29　将深蓝色调整为紫色前后的对比效果

↘ 4.3.6　"去色"命令

使用"去色"命令可以去除图像中的所有颜色信息，从而使图像呈黑白显示。其方法为：选择【图像】/【调整】/【去色】命令或按【Ctrl+Shift+U】组合键，即可为图像去掉颜色。图4-30所示为使用"去色"命令制作旧照片的效果。

图4-30　使用"去色"命令前后图像的对比效果

4.3.7　"匹配颜色"命令

使用"匹配颜色"命令可以匹配不同图像之间、多个图层之间或多个选区之间的颜色，还可以通过更改图像的亮度、色彩范围及中和色调来调整图像的颜色。其方法为：选择【图像】/【调整】/【匹配颜色】命令，打开"匹配颜色"对话框，如图4-31所示。

"匹配颜色"对话框中相关选项的含义如下。

- "目标"栏：用来显示当前图像文件的名称。
- "图像选项"栏：用于调整匹配颜色时的明亮度、颜色强度、渐隐效果。单击选中"中和"

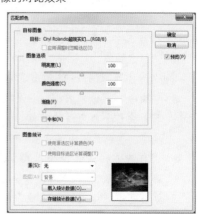

图 4-31　"匹配颜色"对话框

复选框，可以对两幅图像的中间色进行色调的中和。

● "图像统计"栏：用于选择匹配颜色时图像的来源或所在的图层。

图4-32所示为使用"匹配颜色"命令对图像进行调整的前后对比效果。

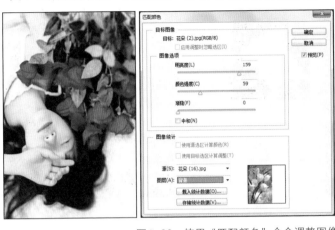

图4-32　使用"匹配颜色"命令调整图像颜色

4.3.8　"替换颜色"命令

使用"替换颜色"命令可以改变图像中某些区域颜色的色相、饱和度和明度，从而达到改变图像色彩的目的。其方法为：选择【图像】/【调整】/【替换颜色】命令，打开"替换颜色"对话框，如图4-33所示。

"替换颜色"对话框中相关选项的含义如下。

● "本地化颜色簇"复选框：若需要在图像中选择相似且连续的颜色，单击选中该复选框，可使选择范围更加精确。

● 吸管工具 、 、 ：使用这3个吸管工具在图像中单击，可分别进行拾取、增加或减少颜色的操作。

● 颜色容差：用于控制颜色选择的精度，值越高，选择的颜色范围越广。在该对话框的预览区域中，白色代表已选的颜色。

● "选区"单选项：以白色蒙版的方式在预览区域中显示图像，白色代表已选区域，黑色代表未选区域，灰色代表部分被选择区域。

图4-33　"替换颜色"对话框

● "图像"单选项：以原图的方式在预览区域中显示图像。

● "替换"栏：用于调整图像所拾取颜色的色相、饱和度和明度的值。调整后的颜色变化将显示在"结果"缩略图中，原图像也会发生相应的变化。

图4-34所示为将图像中的红色替换为蓝色的前后对比效果。

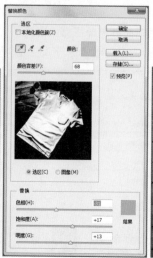

图4-34　替换颜色前后的对比效果

经验之谈

　　在进行颜色的调整过程中，除了可以通过"调整"命令进行调整外，也可以选择【窗口】/【调整】命令，打开"调整"面板，其中罗列了常用的调整颜色按钮，单击对应的按钮即可打开调整框进行颜色的调整，还可以打开"图层"面板，单击"创建新的填充或调整图层"按钮，在弹出的下拉列表框中选择需要的调整命令，进行颜色的调整。

05

第5章
使用图形和文字
完善网店内容

　　一张具有视觉效果的首页或详情页图像，除了要求展现出美观、真实的商品外，还需要添加不同的图形和文字内容来丰富页面展现效果。我们可以通过钢笔工具、形状工具和画笔工具来完成绘制，然后在其中添加文字内容，对图像内容进行文字描述。本章将对这些内容进行详细讲解。

- 使用钢笔工具绘制图形
- 使用形状工具绘制图形
- 使用画笔工具绘制图形
- 添加并编辑文字

本章要点

5.1 使用钢笔工具绘制图形

钢笔工具是Photoshop中最常用的矢量绘图工具。使用钢笔工具不仅可以自由地绘制矢量图形，而且可以绘制出内容丰富多变的复杂图形，还可以对边缘复杂的对象进行抠图处理。下面先简单介绍路径，然后以课堂案例的形式讲解使用钢笔工具绘图的方法，再讲解使用铅笔工具绘图的基础知识。

5.1.1 认识路径

使用钢笔工具所绘制的线段即为路径。在Photoshop中，路径常用于勾画图像（对象）的轮廓，在图像中显示为不可打印的矢量图形。用户可以沿着产生的线段或曲线对其进行填充和描边，还可将其转换为选区。

1. 认识路径元素

路径主要由线段、锚点和控制柄组成，如图5-1所示。

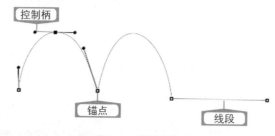

图5-1　路径的组成

下面分别对路径的各个组成部分进行介绍。

● 线段：线段分为直线段和曲线段两种，使用钢笔工具可绘制出不同类型的线段。
● 锚点：锚点指与路径相关的点，即每条线段两端的点，由小正方形表示。当锚点表现为黑色实心时，表示该锚点为当前选择的定位点。定位点分为平滑点和拐点两种。
● 控制柄：指调整线段（曲线线段）位置、长短和弯曲度等参数的控制点。选择任意锚点后，该锚点上将显示与其相关的控制柄，拖动控制柄一端的小圆点，即可修改该线段的形状和曲度。

经验之谈

锚点中的平滑点指平滑连接两个线段的定位点；拐点则为线段方向发生明显变化，线段之间连接不平滑的定位点。

2. 认识"路径"面板

"路径"面板主要用于存储和编辑路径。默认情况下，"路径"图层与"图层"面板在同一面板组中，但由于路径不是图层，所以创建的路径不会显示在"图层"面板中，而是单独存在于"路径"面板中。选择【窗口】/【路径】命令可打开"路径"面板，如图5-2所示。

"路径"面板中相关选项的含义如下。

● 当前路径："路径"面板中以蓝色底纹
显示的路径为当前活动路径，选择路径
后的所有操作都是针对该路径的。

● 路径缩略图：用于显示该路径的缩略
图，通过它可查看路径的大致样式。

● 路径名称：显示该路径的名称。双击路
径后，其名称将处于可编辑状态，此时
可对路径进行重命名。

● "用前景色填充路径"按钮 ●：单击该
按钮，将在当前图层为选择的路径填充前景
色。

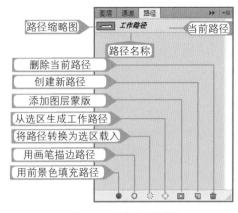

图5-2　"路径"面板

● "用画笔描边路径"按钮 ○：单击该按钮，将在当前图层为选择的路径以前景色描边，
描边粗细为画笔笔触大小。

● "将路径转换为选区载入"按钮 ▦：单击该按钮，可将当前路径转换为选区。

● "从选区生成工作路径"按钮 ◇：单击该按钮，可将当前选区转换为路径。

● "添加图层蒙版"按钮 ▣：单击该按钮，将以此路径形状创建图层蒙版。

● "创建新路径"按钮 ▯：单击该按钮，将创建一个新路径。

● "删除当前路径"按钮 🗑：单击该按钮，将删除选择的路径。

↘ 5.1.2　使用钢笔工具绘图

当遇到商品的轮廓比较复杂、背景也比较复杂，或背景与商品的分界不明显
时，可使用钢笔工具对图形进行抠取。下面将打开"冰箱.jpg"商品图像，使用
钢笔工具抠图，并将背景替换为主图背景，其具体操作如下。

STEP 01 打开"冰箱.jpg"图像文件（配套资源:\素材\第5章\冰箱.jpg），按
【Ctrl+J】组合键复制图层，如图5-3所示。

STEP 02 选择钢笔工具 ✎，在工具属性栏中设置工具模式为"路径"，按住【Alt】键并向上滚
动鼠标滚轮，放大图像到合适大小，在冰箱的左端单击鼠标左键确定路径的起点，如图5-4所示。

图5-3　打开素材并复制图层

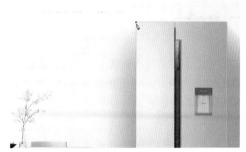

图5-4　确定路径的起点

STEP 03 继续放大图像并沿着冰箱的边缘再次单击鼠标左键，确定另一个锚点，并按住鼠标左键不放，创建平滑点，如图5-5所示。

STEP 04 向下拖动鼠标并单击，创建第二个锚点，如图5-6所示。

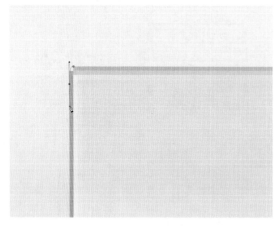

图5-5　创建平滑点　　　　　　　　　　　　图5-6　创建第二个锚点

STEP 05 使用相同的方法，绘制冰箱的其他路径，当路径不够圆润时，可使用工具箱中的添加锚点工具 和删除锚点工具 对锚点进行调整，使其与冰箱边缘贴合，如图5-7所示。

STEP 06 在创建的路径上单击鼠标右键，在弹出的快捷菜单中选择"建立选区"命令，如图5-8所示。

图5-7　完成其他锚点的创建　　　　　　　　图5-8　选择"建立选区"命令

STEP 07 打开"建立选区"对话框，设置羽化半径为"1"，单击 确定 按钮，如图5-9所示。

STEP 08 打开"冰箱主图背景.psd"图像文件（配套资源:\素材\第5章\冰箱主图背景.psd），将抠取后的商品图像拖动到背景中，调整位置，复制抠取后的冰箱图层，并设置图层混合模式为"柔光"，如图5-10所示。

STEP 09 保存图像并查看完成后的效果，如图5-11所示（配套资源:\效果\第5章\冰箱主图.psd）。

图5-9 设置羽化半径值 　图5-10 设置图层混合模式 　图5-11 查看完成后的效果

5.1.3 使用铅笔工具绘图

铅笔工具✏常用于绘制各种线条。在工具箱中选择铅笔工具✏，在图像需要绘制的区域拖动，即可完成图像的绘制。其工具属性栏如图5-12所示。

图 5-12 铅笔工具属性栏

铅笔工具属性栏中相关选项的含义如下。

● "画笔预设"下拉列表框：单击右侧的下拉按钮▪，在打开的画笔预设下拉列表框中可以对笔尖、画笔大小和硬度等进行设置。

● "模式"下拉列表框：用于设置绘制的颜色与下方像素的混合模式。

● "不透明度"下拉列表框：用于设置绘制时的颜色不透明度。数值越大，绘制出的笔迹越不透明；数值越小，绘制出的笔迹越透明。图5-13所示为不透明度为100%、70%及20%的对比效果。

图5-13 不透明度为100%、70%和20%的对比效果

● "自动抹除"复选框：单击选中"自动抹除"复选框后，将光标的中心放在包含前景色的区域上，可将该区域涂抹为背景色。如果光标放置的区域不包括前景色区域，则将该区域涂抹成前景色。

5.2 使用形状工具绘制图形

使用Photoshop制作矢量图形时，用户并不需要绘制所有形状，因为Photoshop中提供了多种预设的形状，用户可以通过形状工具来绘制，不仅精确，而且迅速。Photoshop CS6中包含了多种形状工具，如矩形工具、圆角矩形工具、椭圆工具、多边形工具、直线工具和自定形状工具等，下面分别进行介绍。

↘ 5.2.1 矩形工具

选择矩形工具 ▢，在图像中单击并拖动鼠标即可绘制矩形；按住【Shift】键不放单击鼠标并拖动可得到正方形。

用户除了可以通过拖动鼠标来绘制矩形外，还可以绘制固定尺寸、固定比例的矩形。选择矩形工具 ▢，在工具属性栏上单击 ⚙ 按钮，在打开的面板中进行设置即可，如图5-14所示。

图5-14 设置矩形比例

矩形选项菜单中相关选项的含义如下。

- "不受约束"单选项：默认的矩形选项。在不受约束的情况下，可通过拖动鼠标绘制任意形状的矩形。
- "方形"单选项：单击选中该单选项后，拖动鼠标绘制的矩形为正方形，效果与按住【Shift】键绘制相同。
- "固定大小"单选项：单击选中该单选项后，在其后的"W"和"H"数值框中可输入矩形的长、宽值，在图像窗口中单击并拖动鼠标即可绘制指定长度和宽度的矩形。
- "比例"单选项：单击选中该单选项后，在其后的"W"和"H"数值框中输入矩形的长、宽比例值，在图像窗口中单击并拖动鼠标即可绘制长、宽等比的矩形。
- "从中心"复选框：一般情况下绘制的矩形，其起点均为单击鼠标时的点，而单击选中该复选框后，单击鼠标时的位置将为绘制矩形的中心点，拖动鼠标时矩形由中间向外扩展。

图5-15所示为使用矩形工具绘制淘宝海报底纹后的效果。

图5-15 使用矩形工具绘制淘宝海报底纹后的效果

↘ 5.2.2 圆角矩形工具

使用圆角矩形工具 🔲 可以绘制出具有圆角效果的矩形，常用于按钮、复选框的绘制。其绘制方法与矩形工具 🔲 相同，只是在矩形工具的基础上多了一个"半径"选项，用于控制圆角的大小。半径越大，圆角越广。图5-16所示"冬季上新"文字下的形状，即为圆角矩形绘制后的效果。

图 5-16 海报中的圆角矩形

↘ 5.2.3 椭圆工具

椭圆工具 ⭕ 用于创建椭圆和圆形，其使用方法和矩形工具 🔲 一样。选择椭圆工具 ⭕ 后，在图像窗口中单击并拖动鼠标即可绘制。按住【Shift】键不放并绘制，或在工具属性栏上单击 ⚙ 按钮，在打开的下拉列表框中单击选中"圆形"单选项后绘制，可得到圆形形状。图5-17所示的橙色形状即为使用椭圆工具绘制的效果。

图 5-17 绘制的椭圆显示效果

↘ 5.2.4 多边形工具

多边形工具 ⬡ 用于创建多边形和星形。选择多边形工具 ⬡ 后，在其工具属性栏中可设置多边形的边数。在工具属性栏上单击 ⚙ 按钮，在打开的面板中可设置其他相关选项，如图5-18所示。

图 5-18　多边形工具属性栏

多边形工具属性栏中相关选项的含义如下。

- "边"数值框：用于设置多边形的边数。输入数字后，在图像中单击鼠标并拖动即可得到相应边数的正多边形。
- "半径"数值框：用于设置绘制的多边形的半径。
- "平滑拐角"复选框：指将多边形或星形的角变为平滑角，该功能多用于绘制星形。
- "星形"复选框：用于创建星形。单击选中该复选框后，"缩进边依据"数值框和"平滑缩进"复选框可用，其中"缩进边依据"用于设置星形边缘向中心缩进的数量，值越大，缩进量越大；"平滑缩进"复选框用于设置平滑的中心缩进。

图5-19所示为使用多边形工具绘制的三边形。

图 5-19　绘制的三边形显示效果

经验之谈

　　绘制多边形时的"半径"是指中心点到角的距离，而非中心点到边的距离。绘制星形时，设置的边数对应星形角的个数，即五条边对应五角星、六条边对应六角星，以此类推。

5.2.5　直线工具

使用直线工具 ∕ 可绘制直线或带箭头的线段。用户只需在工具箱中选择直线工具 ∕ ，在其工具属性栏中单击 ⚙ 按钮，在打开的面板中可设置箭头的参数，如图5-20所示。

图 5-20　直线工具属性栏

箭头面板中相关选项的含义如下。

- 起点：单击选中"起点"复选框，可为绘制的直线起点添加箭头。
- 终点：单击选中"终点"复选框，可为绘制的直线终点添加箭头。
- 宽度：用于设置箭头宽度与直线宽度的百分比。图5-21所示是宽度分别为500%和1000%的。
- 长度：用于设置箭头长度与直线宽度的百分比。图5-22所示是长度为200%和500%的对比效果。
- 凹度：用于设置箭头的凹陷程度。当数值为0%时，箭头尾部平齐；当数值大于0%时，箭头尾部将向内凹陷；当数值小于0%时，箭头尾部将向外凹陷，如图5-23所示。

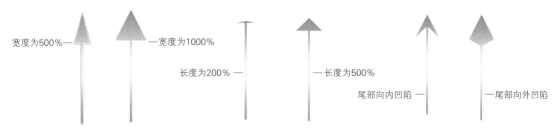

图 5-21　不同宽度的箭头　　　　图 5-22　不同长度的箭头　　　　图 5-23　不同凹度的箭头

5.2.6　自定形状工具

自定形状工具 ✿ 用于创建自定义的形状，包括Photoshop预设的形状或外部载入的形状。选择自定形状工具 ✿ 后，在工具属性栏的形状面板中选择预设的形状，如图5-24所示。在图像中单击并拖动鼠标即可绘制所选形状，按住【Shift】键不放并绘制，可得到长宽等比的形状。

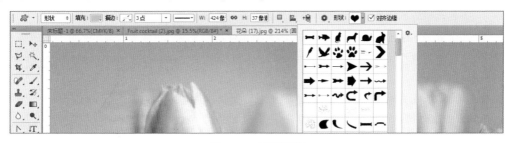

图 5-24　形状面板

经验之谈

Photoshop 中预设的自定义形状是有限的，要使用外部提供的形状，必须先将形状载入形状库中。其方法为：在形状面板右上角单击 ✿ 按钮，在打开的菜单中选择"载入形状"命令，打开"载入"对话框，选择要载入的形状，单击 载入(L) 按钮后，该形状即可添加至形状面板中。

5.3 使用画笔工具绘制图形

在绘制图形的过程中，形状工具多用于绘制棱角分明的形状，若需要绘制边缘较柔和的线条，可使用画笔工具。通过拖动画笔可绘制类似毛笔画出的线条效果，也可以绘制具有特殊形状的线条效果。下面先对画笔工具的使用方法进行介绍，再对载入画笔和使用画笔工具绘制图像的方法进行介绍。

5.3.1 认识画笔工具

画笔工具 ✍ 是图像处理过程中使用最频繁的绘图工具，常用来绘制边缘较柔和的线条。下面对画笔工具进行简单介绍，包括画笔工具属性栏和画笔预设。

1. 认识画笔工具属性栏

在工具箱中选择画笔工具 ✍ ，即可在工具属性栏显示出相关的画笔属性。通过画笔工具属性栏可设置画笔的各种属性参数，如图5-25所示。

图 5-25　画笔工具属性栏

画笔工具属性栏中相关选项的含义如下。

- "画笔"面板：用于设置画笔笔头的大小和使用样式，单击"画笔"右侧的·按钮，可打开画笔设置面板。在其中可以选择画笔样式，设置画笔的大小和硬度参数。
- "模式"下拉列表框：用于设置画笔工具对当前图像中像素的作用形式，即当前使用的绘图颜色与原有底色之间进行混合的模式。
- "不透明度"下拉列表框：用于设置画笔颜色的透明度。数值越大，不透明度越高。单击其右侧的下拉按钮，在弹出的滑动条上拖动滑块也可实现透明度的调整。
- "流量"下拉列表框：用于设置绘制时颜色的压力程度。值越大，画笔笔触越浓。
- "喷枪工具"按钮 ✍：单击该按钮可以启用喷枪工具进行绘图。
- "绘图板压力控制大小"按钮 ✍：单击该按钮，使用数位板绘画时，光感压力可覆盖"画笔"面板中的不透明度和大小设置。

2. 认识画笔预设

选择【窗口】/【画笔预设】命令，打开"画笔预设"面板。在"画笔预设"面板中选择画笔样式后，可拖动"大小"滑块调整笔尖大小。单击"画笔预设"面板右上角的 ▾≣ 按钮，可打开菜单，在其中可以选择面板的显示方式，以及载入预设的画笔库等，如图5-26所示。

菜单中相关选项的含义如下。

- 新建画笔预设：用于创建新的画笔预设。

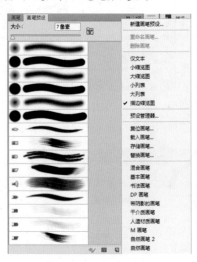

图 5-26　"画笔预设"面板

● 重命名画笔：选择一个画笔样式后，可选择该命令重命名画笔。

● 删除画笔：选择一个画笔样式后，可选择该命令将其删除。

● 仅文本/小缩览图/大缩览图/小列表/大列表/描边缩览图：可设置画笔在面板中的显示方式。选择"仅文本"命令，只显示画笔的名称；选择"小缩览图"和"大缩览图"命令，只显示画笔的缩览图和画笔大小；选择"小列表"和"大列表"命令，则以列表的形式显示画笔的名称和缩览图；选择"描边缩览图"命令，可显示画笔的缩览图和使用时的预览效果。

● 预设管理器：选择该命令可打开"预设管理器"窗口。

● 复位画笔：当添加或删除画笔后，可选择该命令使面板恢复为显示默认的画笔状态。

● 载入画笔：选择该命令可以打开"载入"对话框，选择一个外部的画笔库，单击"载入"按钮，可将新画笔样式载入"画笔"面板和"画笔预设"面板。

● 存储画笔：可将面板中的画笔保存为一个画笔库。

● 替换画笔：选择该命令可打开"载入"对话框，在其中可选择一个画笔库来替换面板中的画笔。

● 画笔库：该列表中列出了Photoshop提供的各种预设的画笔库。选择任意一个画笔库，在打开的提示对话框中单击 追加(A) 按钮，可将画笔载入"画笔预设"面板中。

↘ 5.3.2　设置与应用画笔样式

用户可根据需要在"画笔"面板中更改Photoshop CS6中的画笔样式属性设置，以满足设计的需要。选择画笔工具 ，将前景色设置为所需的颜色，单击属性栏中的"切换画笔面板"按钮 ，即可打开"画笔"面板，如图5-27所示。

"画笔"面板中相关选项的含义如下。

● 画笔预设 按钮：单击该按钮，可将"画笔"面板切换到"画笔预设"面板。

● 启用/关闭选项：用于设置画笔的选项。选中状态的选项表示该选项已启用，未选中状态的选项表示该选项未启用。

● 锁定/未锁定：出现 图标时表示该选项已被锁定，出现 图标时表示该选项未被锁定。单击 图标可在锁定状态和未锁定状态之间切换。

● 笔尖形状：用于显示预设的笔尖形状。

● 画笔参数：用于设置画笔的相关参数。

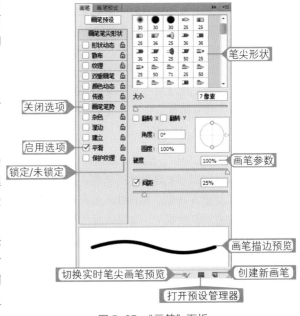

图5-27　"画笔"面板

- 画笔描边预览：用于显示设置各参数后绘制画笔时将出现的画笔形状。
- 切换实时笔尖画笔预览：单击"切换实时笔尖画笔预览"按钮🖌，在使用笔刷笔尖时，在画布中将出现笔尖的形状。
- 打开预设管理器：单击"打开预设管理器"按钮🖼，可打开"预设管理器"窗口。
- 创建新画笔：单击"创建新画笔"按钮🗔，可将当前设置的画笔保存为一个新的预设画笔。

在使用画笔过程中，用户可单击选中不同的复选框，设置不同的画笔样式，主要包括画笔笔尖形状、形状动态、散布、纹理、双重画笔、颜色动态、传递、画笔笔势、杂色、湿边、建立、平滑和保护纹理等，下面分别进行介绍。

- 画笔笔尖形状：在"画笔笔尖形状"选项面板中可对画笔的形状、大小、硬度等进行设置。
- 形状动态：用于设置绘制时画笔笔迹的变化，可设置绘制画笔的大小、圆角等产生的随机效果。
- 散布：在"散布"选项面板中可以对绘制的笔迹数量和位置进行设置。
- 纹理：在"纹理"选项面板中设置参数，可以让笔迹在绘制时出现纹理质感。
- 双重画笔：在"双重画笔"选项面板中，可以为画笔添加两种画笔效果，使画笔的编辑变得更加自由。
- 颜色动态：在"颜色动态"选项面板中，可以为笔迹设置颜色的变化效果。
- 传递：在"传递"选项面板中，可以对笔迹的不透明度、流量、湿度及混合等抖动参数进行设置。
- 画笔笔势：用于调整毛刷画笔笔尖、侵蚀画笔笔尖的角度。
- 杂色：用于为一些特殊的画笔增加随机效果。
- 湿边：用于在使用画笔绘制笔迹时增大油彩量，从而产生水彩效果。
- 建立：用于模拟喷枪效果，使用时根据鼠标的单击程度来确定画笔线条的填充量。
- 平滑：在使用画笔绘制笔迹时产生平滑的曲线。若使用压感笔绘画，该选项效果最为明显。
- 保护纹理：用于将相同图案和缩放应用到具有纹理的所有画笔预设中。启用该选项，在使用多种纹理画笔时，可绘制出统一的纹理效果。

↘ 5.3.3 载入画笔

在Photoshop CS6中，除了可以使用"画笔"面板对图形进行绘制外，用户也可以根据需要对一些特殊的画笔样式进行载入，使画笔的表现更多样化。下面将载入呆萌猫咪画笔，并将载入的画笔应用到图像编辑区中，完成后添加文字，即可完成店标的制作，其具体操作步骤如下。

扫一扫

载入画笔

STEP 01 新建大小为100像素×100像素、分辨率为72像素/英寸、名为"猫咪店标"的文件，如图5-28所示。将前景色设置为"#fffbe9"，并按【Alt+Delete】组合键填充前景色。

STEP 02 新建图层，选择【窗口】/【画笔预设】命令，打开"画笔预设"面板，在其右上角单击🔳按钮，在打开的菜单中选择"预设管理器"命令，打开"预设管理器"窗口，单击 载入(L)... 按钮，如图5-29所示。

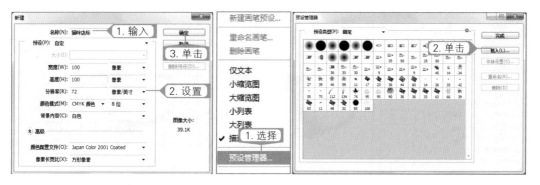

图5-28　新建文件　　　　　　　　　　图5-29　打开"预设管理器"窗口

STEP 03 打开"载入"对话框，在"查找范围"下拉列表框中选择笔刷的位置，在中间的列表框中选择需要载入的笔刷，这里选择"呆萌猫咪"选项，单击 载入(L) 按钮，如图5-30所示。

STEP 04 返回"预设管理器"窗口，在"预设类型"栏下的列表框中可查看载入的画笔样式，单击 完成 按钮，完成载入操作，如图5-31所示。

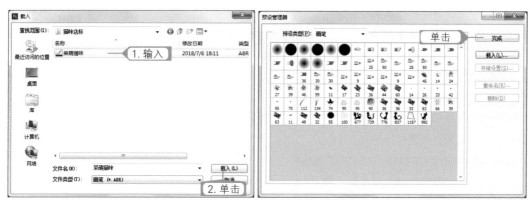

图5-30　选择需载入的笔刷样式　　　　图5-31　完成载入操作

STEP 05 在工具箱中选择画笔工具 ，打开"画笔"面板，选择"画笔笔尖形状"选项，在右侧的列表框中选择需要的猫咪样式，这里选择"776"样式，并设置大小为"45像素"，如图5-32所示。此时将鼠标光标移动到左侧绘图区，即可查看样式的预览效果。

STEP 06 将前景色设置为"#000000"，鼠标光标移动到绘图区，在中间偏左侧位置单击，完成猫咪的绘制。打开"文字.psd"图像（配套资源:\素材\第5章\文字.psd），将其中的文字拖到绘制的猫咪图像中，即可完成猫咪店标的制作，如图5-33所示（配套资源:\效果\第5章\呆萌猫咪.psd）。

经验之谈

　　在"画笔预设"面板右上角单击 按钮，在打开的菜单中罗列了系统自带的画笔样式，选择需要载入的画笔样式选项，可载入画笔库中的画笔。

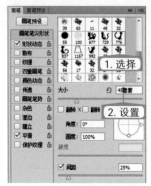

图5-32　选择需要的猫咪画笔　　　　　图5-33　绘制图形、拖入文字并查看完成后的效果

5.3.4　使用画笔工具绘制图像

认识了画笔的各个面板后，接下来读者还需要掌握使用画笔工具的方法。下面将使用画笔工具制作PC端网店Banner，在制作时先创建带有渐变的背景，再使用画笔工具对PC端网店Banner进行绘制，其具体操作步骤如下。

STEP 01　选择【文件】/【新建】命令或按【Ctrl+N】组合键，打开"新建"对话框，在"名称"文本框中输入图像名称为"PC端网店Banner"，设置"宽度"和"高度"分别为727像素和416像素，设置"分辨率"为72像素/英寸，单击 确定 按钮，如图5-34所示。

STEP 02　设置填充色为"#c7f0fe"，按【Alt+Delete】组合键对前景色进行填充，查看填充前景色后的文件效果，如图5-35所示。

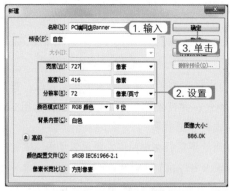

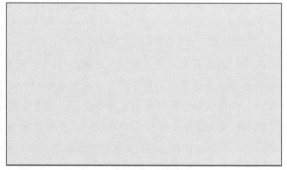

图5-34　新建图像文件　　　　　　　　图5-35　填充前景色

STEP 03　新建图层，将前景色设置为"#f1d3d3"，选择画笔工具 ，将画笔大小设置为250像素，画笔硬度设置为0，横向涂抹图像的中间区域，添加背景颜色，如图5-36所示。

STEP 04　新建图层，选择【窗口】/【颜色】命令，打开"颜色"面板，单击"颜色"面板右侧的"色板"选项卡，将鼠标指针移至"色板"面板的色样方格中，指针变为吸管工具，选择所需的颜色方格即可设置前景色，此处选择"蜡笔青蓝"颜色，如图5-37所示。

STEP 05 选择画笔工具 ✐，在工具属性栏中将画笔大小设置为250像素，将画笔硬度设置为0，横向涂抹图像的上方区域，添加背景颜色，如图5-38所示。

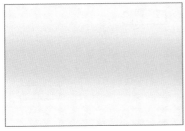
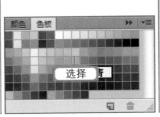

图5-36　涂抹图像　　　　　　图5-37　选择颜色　　　　　　图5-38　涂抹图像

STEP 06 选择【窗口】/【画笔预设】命令或按【F5】键，打开"画笔"面板，在"画笔预设"面板左侧单击 画笔预设 按钮，如图5-39所示。

STEP 07 在"画笔预设"面板右上角单击 按钮，在打开的菜单中选择需要载入的画笔样式选项，这里选择"干介质画笔"选项，在弹出的提示对话框中单击 确定 按钮，此时"画笔预设"面板中罗列了添加的画笔样式，这里选择"63"画笔样式，如图5-40所示。

STEP 08 新建图层，将前景色设置为"#f6f6f6"，选择画笔工具 ✐，在"画笔预设"下拉列表框中选择"63"选项，在工具属性栏中将画笔大小设置为100像素，再将不透明度设置为80%，在图像底部绘制白色的积雪效果，如图5-41所示。

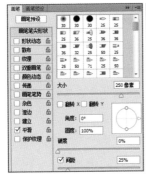
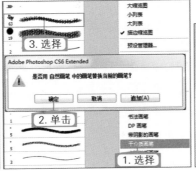

图5-39 单击"画笔预设"按钮　　图5-40　添加画笔样式　　　图5-41　绘制积雪效果

STEP 09 新建图层，选择画笔工具 ✐，在"画笔预设"面板右上角单击 按钮，在打开的菜单中选择"预设管理器"选项，打开"预设管理器"窗口，单击 载入(L) 按钮，如图5-42所示。

STEP 10 打开"载入"对话框，选择笔刷的保存位置，选择需要载入的笔刷，此处选择"树枝.abr"选项（配套资源:\素材\第5章\PC端网店Banner\树枝.abr），单击 载入(L) 按钮，如图5-43所示。

STEP 11 返回"预设管理器"窗口，查看载入的树枝样式，单击 完成 按钮，如图5-44所示。

STEP 12 返回"画笔"面板，设置前景色为"#554230"，选择"544"笔刷样式，设置画笔大小为280像素，如图5-45所示。

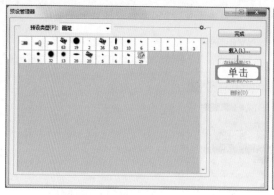

图 5-42　单击"载入"按钮

图 5-43　载入画笔样式

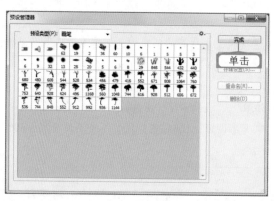

图 5-44　载入的画笔

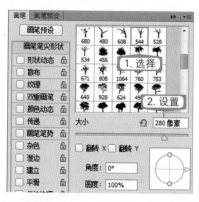

图 5-45　设置画笔样式及参数

STEP 13 在图像编辑区单击鼠标绘制4颗大树，如图5-46所示。再次新建图层，将前景色设置为"#f6f6f6"，选择画笔工具，选择需要绘制的树枝样式，这里选择"534"画笔样式，设置画笔大小，绘制白色远景树木，完成后将其移到树木图层下方，效果如图5-47所示。

图 5-46　绘制大树图形

图 5-47　绘制树枝

STEP 14 再次新建图层，将前景色设置为"#ffffff"，选择画笔工具，打开"画笔"面板，在右侧列表框中选择"柔边圆"笔刷样式，设置画笔大小为30像素、间距为180%，如图5-48所示。

STEP 15 在"画笔"面板的左侧单击选中"形状动态"复选框，设置"大小抖动"的值为100%，设置"最小直径"为1%，如图5-49所示。

STEP 16 在"画笔"面板中单击选中"散布"复选框，设置"散布"为14%、"数量"为1、"控制"为5、"数量抖动"为99%，如图5-50所示。

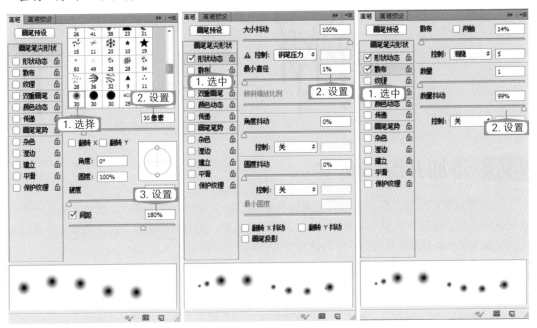

图 5-48　设置画笔样式及参数　　　图 5-49　设置形状动态　　　图 5-50　设置散布

STEP 17 将鼠标指针移动到绘图区，此时绘图区上将显示画笔形状效果，在图像上单击，即可完成雪花的绘制，如图5-51所示。

STEP 18 打开"雪人.psd"图像文件（配套资源:\素材\第5章\PC端网店Banner\雪人.psd），将其移动到当前图像中，调整图像大小和位置，如图5-52所示。

图5-51　绘制雪花效果

图5-52　添加雪人素材

STEP 19 打开"文字.psd"图像文件（配套资源:\素材\第5章\PC端网店Banner\文字.psd），将其移动到当前图像中，调整图像大小和位置，如图5-53所示。再打开"雪花.psd"图像文件（配套资源:\素材\第5章\PC端网店Banner\雪花.psd），将其移动到当前图像中，调整图像大小和位置，完成后保存图像并查看完成后的效果，如图5-54所示（配套资源:\效果\第5章\PC端网店Banner.psd）。

图 5-53　添加文字　　　　　　　　　图 5-54　添加雪花效果

5.4　添加并编辑文字

当图像绘制完成后，用户还可以在图像中输入文字，对图像进行说明。因为文字是一种传达信息的手段，它不但能够丰富图像内容，起到强化主题、明确主旨的作用，还能对图像进行美化，使效果更加美观。下面将分别对创建与编辑文字的方法进行介绍。

↘ 5.4.1　创建文字

在Photoshop CS6中，用户可使用文字工具直接在图像中添加点文字。如果需要输入的文字较多，可以选择创建段落文字。此外，为了满足特殊编辑的需要，用户还可以创建选区文字或路径文字。下面将对这些文字的创建方法进行介绍。

● **创建点文字**：选择横排文字工具▼或直排文字工具▼，在图像中需要输入文字的位置单击鼠标，定位文字插入点，此时将新建文字图层，直接输入文字后，在工具属性栏中单击✔按钮完成点文字的创建。输入文字前，为了得到更好的点文字效果，可在文字工具属性栏设置文字的字体、字形、字号、颜色及对齐方式等参数。

● **创建段落文字**：段落文字是指在文本框中创建的文字，具有统一的字体、字号和字间距等文字格式，并且可以整体修改与移动，常用于杂志的排版。段落文字同样需要通过横排文字工具▼或直排文字工具▼进行创建，其方法为：打开图像，在工具箱中选择横排文字工具▼，在工具属性栏设置文字的字体和颜色等参数，按住鼠标左键不放拖动以创建文本框，然后输入段落文字即可，如图5-55所示。若绘制的文本框不能完全地显示文字，移动鼠标指针至文本框四周的控制点，当其变为↖形状时，可通过拖动控制点来调整文本框大小，从而使文字完全显示出来。

● **创建文字选区**：Photoshop CS6提供了横排文字蒙版工具▼和直排文字蒙版工具▼，可以帮助用户快速创建文字选区，常用于广告设计。其创建方法与创建点文字的方法相似，方法为：选择横排文字蒙版工具▼或直排文字蒙版工具▼后，在图像中需要输入文字的位置单击鼠标左键，定位文字插入点并直接输入文字，然后在工具属性栏中单击✔按钮完成文字选区的创建，如图5-56所示。

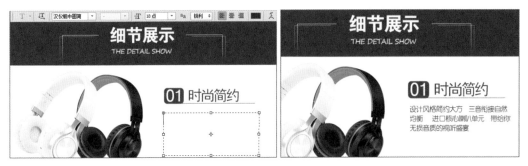

图5-55 创建段落文字

图5-56 创建文字选区

● 创建路径文字：在图像处理过程中，创建路径文字可以使文字沿着斜线、曲线或形状边缘等路径排列，从而产生意想不到的效果。输入沿路径排列的文字时，需要先创建文字排列的路径，再使用文字工具在路径上输入文字，如图5-57所示。

图5-57 创建路径文字

5.4.2 点文字与段落文字的转换

为了使排版更方便，用户可以对创建的点文字与段落文字进行相互转换。若要将点文字转换为段落文本，可选择需要转换的文字图层，在其上单击鼠标右键，在弹出的快捷菜单中选择"转换为段落文本"命令即可，如图5-58所示。若要将段落文字转换为点文字，则弹出的快捷菜单中的"转换为段落文本"命令将变为"转换为点文本"命

图5-58 选择"转换为段落文本"命令

令，选择该命令即可。

5.4.3 创建变形文字

平面设计中经常用到一些变形文字。在Photoshop中，用户可使用3种方法创建变形文字，包括文字变形、自由变换文字及将文字转换为路径。下面分别进行介绍。

- 文字变形：在文字工具属性栏中提供了文字变形工具，通过该工具可以对选择的文字进行变形处理，以得到更加艺术化的效果。其方法为：选择要变形的文字，单击"创建文字变形"按钮 **工**，打开"变形文字"对话框，在"样式"下拉列表框中选择变形选项，完成后单击 **确定** 按钮即可，如图5-59所示。

图5-59　文字变形

- 自由变换文字：在对文字进行自由变换前，需要先对文字进行栅格化处理。栅格化文字的方法是：选择文字所在图层，在其上单击鼠标右键，在弹出的快捷菜单中选择"栅格化文字"命令。这样可将文字图层转换为普通图层，然后选择【编辑】/【变换】命令，在打开的子菜单中选择相应的命令，拖动出现的控制点即可对文字进行透视、缩放、旋转、扭曲或变形等操作，如图5-60所示。

图5-60　自由变换文字

- 将文字转化为路径：输入文字后，在文字图层上单击鼠标右键，在弹出的快捷菜单中选择"转换为形状"或"创建工作路径"命令，即可将文字转换为路径。将文字转换为路径之后，使用路径选择工具 **▶**或钢笔工具 **◢**编辑路径，即可将文字变形。图5-61所示是文字转换为工作路径后，使用路径选择工具 **▶**选择文字后的路径展示效果。

图5-61　将文字转换为路径

5.4.4　使用"字符"面板

通过文字工具属性栏只能对字体、字形和字号等部分文字格式进行设置。若要进行更详细的设置，可选择【窗口】/【字符】命令，在打开的"字符"面板中进行设置，如图5-62所示。

图5-62　"字符"面板

"字符"面板中相关选项的含义如下。

● ⤶下拉列表框：用于设置字体大小。其中点数越大，对应的字体也就越大。

● ⤶下拉列表框：用于设置行间距。单击文本框右侧的下拉按钮✓，在打开的下拉列表框中可以选择行间距的大小。

● VA下拉列表框：设置两个字符间的微调。

● VA下拉列表框：设置所选字符的字距。单击右侧的下拉按钮✓，可在打开的下拉列表框中选择字符间距，也可以直接在数值框中输入数值。

● ⤶下拉列表框：用于设置所选字符的比例间距。

● IT数值框：设置文字的垂直缩放效果。

● T数值框：设置文字的水平缩放效果。

● A⤶数值框：用于设置基线偏移。当设置的参数为正值时，向上移动；当设置的参数为负值时，向下移动。

● T T TT Tr T¹ T₁ T Ŧ按钮组：分别用于对文字进行加粗、倾斜、全部大写字母、将大写字母转换成小写字母、上标、下标、添加下画线及添加删除线等操作。设置时，选择文字后单击相应的按钮即可。

5.4.5　使用"段落"面板

段落可使输入的文字更加具有规范性，还能使文字的排版更加美观，更符合文字展现的需要。要设置文字段落，可通过"段落"面板完成。选择【窗口】/【段落】命令，打开"段落"面板，如图5-63所示。

"段落"面板中相关选项的含义如下。

图5-63　"段落"面板

- ● ▤▤▤ ▤▤▤ ▤ 按钮组：分别用于设置段落左对齐、居中对齐、右对齐、最后一行左对齐、最后一行居中对齐、最后一行右对齐、全部对齐。设置时，选择文字后单击相应的按钮即可。

- ● "左缩进"按钮 ▸▤：用于设置所选段落文字左边向内缩进的距离。

- ● "右缩进"按钮 ▤◂：用于设置所选段落文字右边向内缩进的距离。

- ● "首行缩进"按钮 ▸▤：用于设置所选段落文字首行缩进的距离。

- ● "段前添加空格"按钮 ▸▤：用于设置插入光标所在段落与前一段落间的距离。

- ● "段后添加空格"按钮 ▤：用于设置插入光标所在段落与后一段落间的距离。

- ● "连字"复选框：单击选中该复选框，表示可以将文字的最后一个英文单词拆开形成连字符号，使剩余的部分自动换到下一行。

CHAPTER

06

第6章
使用通道、蒙版和滤镜

　　蒙版和通道是Photoshop中非常重要的功能，也是网店美工中使用较频繁的工具。使用蒙版可以隐藏部分图像，方便图像的合成，并且不会对图像造成损坏；利用通道可以对图像的色彩进行更改，或抠取一些复杂的图像；使用滤镜则可以让画面变得更加出彩。本章将对通道、蒙版与滤镜的相关知识进行讲解。

- 使用通道
- 使用蒙版
- 使用滤镜

本章要点

6.1 使用通道

通道用于存放颜色和选区信息。一个图像最多可以有56个通道。在实际应用中，通道是选取图层中某部分图像的重要工具。用户可以分别对每个颜色通道进行明暗度、对比度的调整等，从而产生各种图像特效。在对图像的抠取与处理中用户会频繁使用通道。下面将对通道的基础知识进行介绍。

↘ 6.1.1 认识通道

Photoshop图像通常都具有一个或多个通道。通道的颜色与选区有直接关系。完全为黑色的区域表示完全没有选择，完全为白色的区域表示完全选择，灰色的区域由灰度的深浅来决定选择程度，所以对通道的应用实质就是对选区的应用。通过对各通道的颜色、对比度、明暗度及滤镜添加等进行编辑，可以得到特殊的图像效果。

通道可以分为颜色通道、Alpha通道和专色通道3种。在Photoshop CS6中打开或创建一个新的图层文件后，"通道"面板将默认创建颜色通道。而Alpha通道和专色通道都需要手动进行创建，其含义与创建方法将在后面进行讲解。图像的颜色模式不同，包含的颜色通道也有所不同。下面分别对常用图像模式的通道进行介绍。

- RGB图像的颜色通道：包括红（R）、绿（G）、蓝（B）3个颜色通道，用于保存图像中相应的颜色信息。
- CMYK图像的颜色通道：包括青色（C）、洋红（M）、黄色（Y）、黑色（K）4个颜色通道，分别用于保存图像中相应的颜色信息。
- Lab图像的颜色通道：包括亮度（L）、色彩（a）、色彩（b）3个颜色通道。其中a色彩通道包括的颜色是从深绿色到灰色再到亮粉红色；b色彩通道包括的颜色是从亮蓝色到灰色再到黄色。
- 灰色图像的颜色通道：该模式只有一个颜色通道，用于保存纯白、纯黑或两者中的一系列从黑到白的过渡色信息。
- 位图图像的颜色通道：该模式只有一个颜色通道，用于表示图像的黑白两种颜色。
- 索引图像的颜色通道：该模式只有一个颜色通道，用于保存调色板的位置信息，具体的颜色由调色板中该位置所对应的颜色决定。

↘ 6.1.2 认识"通道"面板

对通道的操作需要在"通道"面板中进行。默认情况下，"通道"面板、"图层"面板和"路径"面板在同一组面板中，用户可以直接单击"通道"选项卡打开"通道"面板。图6-1所示为RGB图像的颜色通道。

"通道"面板相关选项的含义如下。

- "将通道作为选区载入"按钮 ▦：单击该按钮可以将当前通道中的图像内容转换为选区。选择【选择】/【载入选区】命令和单击该按钮的效果一样。

图6-1 "通道"面板

● "将选区存储为通道"按钮 ：单击该按钮可以自动创建**Alpha**通道，并保存图像中的选区。选择【选择】/【存储选区】命令和单击该按钮的效果一样。

● "创建新通道"按钮 ：单击该按钮可以创建新的**Alpha**通道。

● "删除通道"按钮 ：单击该按钮可以删除选择的通道。

6.1.3　创建Alpha通道

Alpha通道主要用于保存图像的选区。在默认情况下，新创建的一般通道名称为Alpha X（X为按创建顺序依次排列的数字）通道。其方法为：选择【窗口】/【通道】命令，打开"通道"面板，单击"通道"面板下方的"创建新通道"按钮 ，即可新建一个Alpha通道。此时用户可看到图像被黑色覆盖，通道信息栏中出现"Alpha1"通道，选择"RGB"通道，可发现红色铺满整个画面，如图6-2所示。

图 6-2　创建 Alpha 通道

经验之谈

在 Alpha 通道中，白色代表可被选择的选区，黑色代表不可被选择的区域，灰色代表可被部分选择的区域，即羽化区域。因此，使用白色画笔涂抹 Alpha 通道可扩大选区范围，使用黑色画笔涂抹 Alpha 通道可收缩选区范围，使用灰色画笔涂抹 Alpha 通道可增加羽化范围。

6.1.4　创建专色通道

专色是指使用一种预先混合好的颜色替代或补充除了CMYK以外的油墨颜色，如明亮的橙色、绿色、荧光色及金属金银色油墨颜色。如果要印刷带有专色的图像，就需要在图像中创建一个存储这种颜色的专色通道。其具体操作为：在打开的图像中单击"通道"面板右上角的 按钮，在打开的菜单中选择"新建专色通道"命令，如图6-3所示。在打开的对话框中输入新通道名称后，单击"颜色"色块设置专色的油墨颜色，在"密度"数值框中设置油墨的密度，单击 **确定** 按钮，如图6-4所示。得到新建的专色通道，如图6-5所示。

图6-3　选择"新建专色通道"命令

图6-4　设置专色通道

图6-5　创建的专色通道

经验之谈

按住【Ctrl】键，同时单击"通道"面板底部的"创建新通道"按钮![img]，也可以打开"新建专色通道"对话框。

6.1.5　复制与删除通道

在对通道进行处理时，为了不对原通道造成影响，往往需要对通道进行复制；对于不需要的通道，则需要进行删除。下面对复制通道和删除通道进行介绍。

1. 复制通道

在对通道进行操作时，为了防止误操作，可在对通道进行操作前复制通道。复制通道的方法主要有以下两种。

- 通过拖动鼠标复制：在"通道"面板中选择需要复制的通道，按住鼠标左键不放将其拖动到"通道"面板下方的"创建新通道"按钮![img]上，释放鼠标左键即可复制通道。
- 通过右键菜单复制：在需要复制的通道上单击鼠标右键，在弹出的快捷菜单中选择"复制通道"命令，完成复制操作。

2. 删除通道

图像中的通道过多会影响图像的大小，此时可将通道删除。Photoshop主要提供了以下3种删除通道的方法。

- 通过拖动鼠标删除：打开"通道"面板，在通道信息栏中选择需要删除的通道，按住鼠标左键不放，将其拖动到"通道"面板下方的"删除当前通道"按钮![img]上，释放鼠标左键完成删除操作。
- 通过右键菜单删除：在需要删除的通道名称上单击鼠标右键，在弹出的快捷菜单中选择"删除通道"命令，完成删除操作。
- 通过删除按钮删除：选择需要删除的通道，单击"删除当前通道"按钮![img]，即可删除通道。

↘ 6.1.6　分离与合并通道

在使用Photoshop CS6编辑图像时，用户需要将图像文件中的各通道分开单独进行编辑，编辑完成后再将分离的通道进行合并，以制作出奇特的效果。下面分别讲解分离和合并通道的方法。

● 分离通道：图像的颜色模式直接影响通道分离出的文件个数，如RGB模式的图像会分离出3个独立的灰度文件，CMYK模式的图像会分离出4个独立的灰度文件。被分离出的文件分别保存了原文件各颜色通道的信息。分离通道的方法为：打开需要分离通道的图像文件，在"通道"面板右上角单击▼■按钮，在弹出的菜单中选择"分离通道"命令，此时Photoshop将立刻对通道进行分离操作，如图6-6所示。

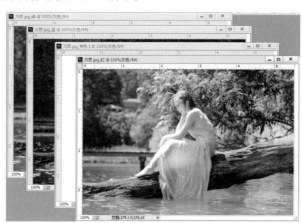

图 6-6　分离通道

● 合并通道：分离的通道以灰度模式显示，用户可以对各通道的图像进行单独编辑，完成后再将分离的通道进行合并显示。合并通道的方法为：打开当前图像窗口中的"通道"面板，在右上角单击▼■按钮，在打开的菜单中选择"合并通道"命令，此时将打开"合并通道"对话框，在"模式"下拉列表框中选择合并模式，单击 确定 按钮，在打开的"合并 RGB 通道"对话框中保持指定通道的默认设置，单击 确定 按钮，即可完成通道的合并，如图6-7所示。

图 6-7　合并通道

↘ 6.1.7 混合通道

通道的作用并不仅限于存储选区、抠图等操作，它还经常被用作混合图像。在图像处理时，通过使用"应用图像"和"计算"命令来混合通道。

1. 使用"应用图像"命令

为了得到更加丰富的图像效果，用户可通过使用Photoshop CS6中的"应用图像"命令对两个通道图像进行运算。其方法为：将需要混合通道的两个图像放置到一个图像文件的不同图层中，选择目标图层，选择【图像】/【应用图像】命令，打开"应用图像"对话框，设置源图层与通道，设置混合模式与不透明度，单击 确定 按钮即可。图6-8所示为"背景"图层混合"图层1"中红色通道的效果。

图6-8　使用"应用图像"命令

经验之谈

混合两个图层的复合通道效果与混合图层的效果差不多，不同的是，应用"应用图像"命令可单独选择混合的颜色通道、Alpha通道和专色通道。

2. 使用"计算"命令

使用"计算"命令可以将一个图像文件或多个图像文件中的单个通道混合起来。其方法为：选择【图像】/【计算】命令，打开"计算"对话框，设置源1通道、源2通道和混合模式，单击 确定 按钮，即可生成新的Alpha通道。图6-9所示为计算"红""蓝"两个通道得到的Alpha1通道效果。

图6-9　使用"计算"命令

6.2 使用蒙版

在制作店铺首页或详情页时，使用蒙版可以让用户轻松地完成图像的合成。使用蒙版不但能避免用户在使用橡皮擦或删除功能时造成的误操作，还可以通过对蒙版使用滤镜，制作出一些意想不到的惊奇效果。在制作蒙版前，用户需要掌握创建和编辑蒙版的方法。蒙版包括快速蒙版、剪贴蒙版、矢量蒙版和图层蒙版等。下面分别对这些蒙版的创建和编辑方法进行介绍。

6.2.1 认识蒙版

为了更好地使用蒙版，下面先认识蒙版的类型，以及用于对蒙版进行操作的"蒙版"面板，为后面的使用打下基础。

1. 蒙版的分类

Photoshop为用户提供了以下4种蒙版，用户在编辑时可根据情况对蒙版进行选择。

- **矢量蒙版**：矢量蒙版通过路径和矢量形状来控制图像的显示区域。
- **剪贴蒙版**：可使用一个对象的形状来控制其他图层的显示区域。
- **图层蒙版**：图层蒙版通过控制蒙版中的灰度信息来控制图像的显示区域，常用于图像的合成。
- **快速蒙版**：快速蒙版可以在编辑的图像上暂时产生蒙版效果，常用于选区的创建。

2. 认识"蒙版"面板

对蒙版的管理可通过"蒙版"面板进行。在为图层添加蒙版后，选择【窗口】/【属性】命令，即可打开"蒙版"面板，在其中可设置与该蒙版相关的属性，如图6-10所示。

图6-10 "蒙版"面板

"蒙版"面板中相关选项的含义如下。

- **"选择图层蒙版"按钮** ▣：单击该按钮，可为当前图层添加图层蒙版和剪贴蒙版。
- **"添加矢量蒙版"按钮** ▢：单击该按钮可添加矢量蒙版。
- **"浓度"数值框**：拖动滑块或输入数值可控制蒙版的不透明度，即蒙版的遮盖强度。
- **"羽化"数值框**：拖动滑块或输入数值可柔化蒙版边缘。
- **蒙版边缘 ...** 按钮：单击该按钮，可对图像进行视图模式、边缘检测、调整边缘和输出设置。
- **颜色范围 ...** 按钮：单击该按钮，可打开"颜色范围"对话框，此时可在图像中取样并调整颜色容差来修改蒙版范围。
- **反相** 按钮：单击该按钮，可翻转蒙版的遮盖区域。

- "从蒙版中载入选区"按钮▦：单击该按钮，可载入蒙版中包含的选区。
- "应用蒙版"按钮◈：单击该按钮，可将蒙版应用到图像中，同时删除被蒙版遮盖的图像。
- "停用/启用蒙版"按钮◉：单击该按钮或按住【Shift】键不放单击蒙版缩览图，可停用或重新启用蒙版。停用蒙版时，蒙版缩览图或图层缩览图后会出现一个红色的"×"标记。
- "删除蒙版"按钮🗑：单击该按钮，可删除当前蒙版。将蒙版缩览图拖动到"图层"面板底部的🗑按钮上，也可将其删除。

6.2.2 矢量蒙版

矢量蒙版是由钢笔工具和自定形状工具等矢量工具创建的蒙版。它与分辨率无关，无限放大都能保持图像的清晰度。使用矢量蒙版抠图，不仅可以保证原图不受损，并且可以用钢笔工具修改形状。下面对创建与编辑矢量蒙版的方法进行介绍。

1. 创建矢量蒙版

矢量蒙版常见的创建方式是通过钢笔工具绘制路径，再根据路径创建矢量蒙版。其方法为：选择需要添加矢量蒙版的图层，使用矢量工具绘制路径，选择【图层】/【矢量蒙版】/【当前路径】命令，即可基于当前路径创建矢量蒙版，如图6-11所示。

图6-11　创建矢量蒙版

2. 编辑矢量蒙版

创建矢量蒙版后，用户可对矢量蒙版进行编辑，例如，将矢量蒙版转换为图层蒙版、删除矢量蒙版、链接/取消链接矢量蒙版、停用矢量蒙版等。

- 将矢量蒙版转换为图层蒙版：在编辑过程中，图层蒙版的使用非常频繁。有时为了方便，可以将矢量蒙版转换为图层蒙版进行编辑。其方法为：在矢量蒙版缩览图上单击鼠标右键，在弹出的快捷菜单中选择"栅格化矢量蒙版"命令，如图6-12所示。栅格化后的矢量蒙版将会变为图层蒙版，不会再有矢量形状存在。
- 删除矢量蒙版：矢量蒙版和其他蒙版一样都可删除，用户只需在矢量蒙版缩略图上单击鼠标右键，在弹出的快捷菜单中选择"删除矢量蒙版"命令，即可将矢量蒙版删除，如图6-13所示。

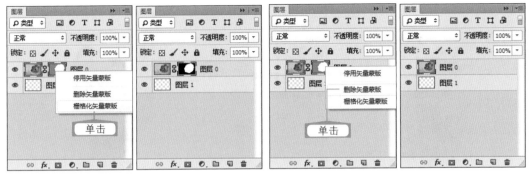

图6-12　将矢量蒙版转换为图层蒙版　　　　　图6-13　删除矢量蒙版

- 链接/取消链接矢量蒙版：默认情况下，图层和其矢量蒙版之间有个 🔗 图标，表示图层与矢量蒙版相互链接。当移动或交换图层时，矢量蒙版将会跟着发生变化。若不想图层或矢量蒙版影响到与之链接的图层或矢量蒙版，单击 🔗 图标可取消它们之间的链接，如图6-14所示。若想恢复链接，可在取消链接的位置单击鼠标。

- 停用矢量蒙版：停用矢量蒙版可将蒙版还原到编辑前的操作。选择矢量蒙版后，在其上单击鼠标右键，在弹出的快捷菜单中选择"停用矢量蒙版"命令，即可对编辑的矢量蒙版进行停用操作，如图6-15所示。当需要恢复时，只需单击鼠标右键，在弹出的快捷菜单中选择"启用矢量蒙版"命令即可。

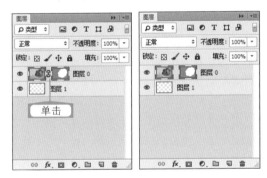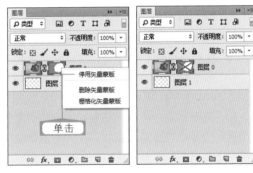

图 6-14　链接 / 取消链接矢量蒙版　　　　　图 6-15　停用矢量蒙版

6.2.3　剪贴蒙版

剪贴蒙版是首页中常常使用到的一种蒙版。使用剪贴蒙版不但能将图像置入形状中，还能与形状融为一体，使效果更加美观。下面将对创建剪贴蒙版和编辑剪贴蒙版的方法进行介绍。

1. 创建剪贴蒙版

剪贴蒙版主要由基底图层和内容图层组成，是指通过使用处于下层图层的形状（基底图层）来限制上层图层（内容图层）的显示状态。剪贴蒙版可通过一个图层控制多个图层的可见内容，而图层蒙版和矢量蒙版只能控制一个图层。其创建方法为：将需要创建剪贴蒙版的图像图层移动到形状的上方，选择图像图层，选择【图层】/【创建剪贴蒙版】命令或按【Alt+Ctrl+G】组合键，即可将该图层与下面的图层创建为一个剪贴蒙版，如图6-16所示。

图6-16 创建剪贴蒙版

2. 编辑剪贴蒙版

创建剪贴蒙版后，用户还可以根据实际情况对剪贴蒙版进行编辑，包括释放剪贴蒙版、设置剪切蒙版的不透明度和混合模式，下面分别进行介绍。

（1）释放剪贴蒙版

为图层创建剪贴蒙版后，若觉得效果不佳，可将剪贴蒙版取消，即释放剪贴蒙版。释放剪贴蒙版的方法有以下3种。

- **菜单**：选择需要释放的剪贴蒙版，再选择【图层】/【释放剪贴蒙版】命令或按【Ctrl+Alt+G】组合键，即可释放剪贴蒙版。
- **快捷菜单**：在内容图层上单击鼠标右键，在弹出的快捷菜单中选择"释放剪贴蒙版"命令。
- **拖动**：按住【Alt】键，将鼠标指针放置到内容图层和基底图层中间的分割线上，当鼠标光标变为 形状时单击鼠标左键，即可释放剪贴蒙版。

（2）设置剪贴蒙版的不透明度和混合模式

用户还可以通过设置剪贴蒙版的不透明度和混合模式使图像的效果发生改变。其方法为：在"图层"面板中选择剪贴蒙版，在"不透明度"数值框中输入需要的透明度，在"模式"下拉列表框中选择需要的混合模式即可。图6-17所示分别为剪贴蒙版不透明度为80%和50%时的图像效果与混合模式分别为"正片叠底"和"强光"时的图像效果。

| 80% 正片叠底 | 80% 强光 | 50% 正片叠底 | 50% 强光 |

图6-17 设置剪贴蒙版的不透明度和混合模式

6.2.4 图层蒙版

图层蒙版相当于一块能使物体变透明的布，在布上涂抹黑色时，物体变透明显示，在布上涂抹白色时，物体完全显示，在布上涂抹灰色时，物体半透明显示。下面将对创建图层蒙版和编辑图层蒙版的方法进行介绍。

1. 创建图层蒙版

在创建调整图层、填充图层及智能滤镜时，Photoshop会自动为其添加图层蒙版，以控制颜色调整和滤镜范围。其方法为：选择要创建图层蒙版的图层，在"图层"面板中单击"添加图层蒙版"按钮 ◘ 或选择【图层】/【图层蒙版】/【显示选区】命令，即可对图像添加图层蒙版，然后将前景色设置为黑色，使用画笔工具 ✍ 在图像上进行涂抹，即可在涂抹区域创建图层蒙版，如图6-18所示。

图6-18　创建图层蒙版

经验之谈

选择【图层】/【图层蒙版】/【隐藏全部】命令，可创建隐藏图层内容的黑色蒙版。若图层中包含透明区域，可选择【图层】/【图层蒙版】/【从透明区域】命令创建蒙版，并将透明区域隐藏。

2. 编辑图层蒙版

对于已经编辑好的图层蒙版，用户可以通过停用图层蒙版、启用图层蒙版、删除图层蒙版、复制与转移图层蒙版，以及图层蒙版与选区的运算对图层蒙版进行编辑，使蒙版更符合编辑需要。

（1）停用图层蒙版

若想暂时将图层蒙版隐藏，以查看图层的原始效果，可将图层蒙版停用。被停用的图层蒙版将会在"图层"面板的图层蒙版上显示为 ⊠。停用图层蒙版的方法有以下3种。

● "停用"命令：选择【图层】/【图层蒙版】/【停用】命令，即可将当前选中的图层蒙版停用。

● 快捷菜单：在需要停用的图层蒙版上单击鼠标右键，在弹出的快捷菜单中选择"停用图层蒙版"命令。

● "属性"面板：选择要停用的图层蒙版，在"属性"面板中单击👁按钮，即可停用图层蒙版。

（2）启用图层蒙版

停用图层蒙版后，用户还可以将其重新启用，继续实现遮罩效果。启用图层蒙版同样有以下3种方法。

● "启用"命令：选择【图层】/【图层蒙版】/【启用】命令，即可将当前选中的图层蒙版启用。

● "图层"面板：在"图层"面板中单击已经停用的图层蒙版，即可启用图层蒙版。

● "属性"面板：选择要启用的图层蒙版，在"属性"面板中单击👁按钮，即可启用图层蒙版。

（3）删除图层蒙版

如果创建的图层蒙版不再使用，可将其删除。其方法是：在"图层"面板中选择要删除图层蒙版的图层，选择【图层】/【图层蒙版】/【删除】命令，或在图层蒙版上单击鼠标右键，在弹出的快捷菜单中选择"删除图层蒙版"命令，即可删除图层蒙版，如图6-19所示。

图6-19　删除图层蒙版

经验之谈

　　添加图层蒙版后，如果要对图层蒙版进行操作，则需要在图层中选择图层蒙版缩略图；而如果要编辑图像，则在图层中选择图像缩略图即可。

（4）复制与转移图层蒙版

复制图层蒙版是指将该图层中创建的图层蒙版复制到另一个图层中，这两个图层同时拥有创建的图层蒙版；而转移图层蒙版则是将该图层中创建的图层蒙版移动到另一个图层中，原图层中的图层蒙版将不再存在。复制和转移图层蒙版的方法如下。

● 复制图层蒙版：将鼠标指针移动到图层蒙版上，按住【Alt】键拖动鼠标左键，将图层蒙版拖动到另一个图层上，然后释放鼠标左键，如图6-20所示。

● 转移图层蒙版：将鼠标指针移动到图层蒙版略缩图上，按住鼠标左键直接拖动到另一个图层上，然后释放鼠标左键，即可将该图层蒙版移动到目标图层中，原图层中将不再有图层蒙版，如图6-21所示。

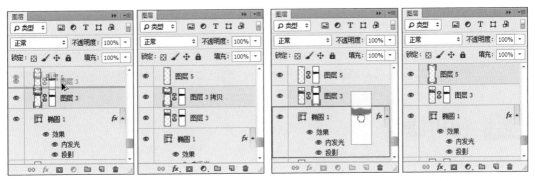

<table>
<tr><td>图6-20 复制图层蒙版</td><td>图6-21 转移图层蒙版</td></tr>
</table>

（5）图层蒙版与选区的运算

在使用图层蒙版时，用户也可以通过对选区的运算得到复杂的蒙版。在图层蒙版缩略图上单击鼠标右键，弹出的快捷菜单中有3个关于蒙版与选区的命令，其作用如下。

- 添加蒙版到选区：若当前没有选区，在图层蒙版上单击鼠标右键，在弹出的快捷菜单中选择"添加蒙版到选区"命令，将载入图层蒙版的选区；若当前有选区，选择该命令，可以将蒙版的选区添加到当前选区中。

- 从选区中减去蒙版：若当前有选区，选择"从选区中减去蒙版"命令，可以从当前选区中减去蒙版的选区。

- 蒙版与选区交叉：若当前有选区，选择"蒙版与选区交叉"命令，可以得到当前选区与蒙版选区的交叉区域。

6.2.5 快速蒙版

快速蒙版又称为临时蒙版。通过快速蒙版，用户可以将任何选区作为蒙版编辑，还可以使用多种工具和滤镜命令来修改蒙版。因此，快速蒙版常用于选取复杂图像或创建特殊图像的选区，是滤镜美化中常用的蒙版工具。打开图像文件，单击工具箱中的"以快速蒙版模式编辑"按钮，即可进入快速蒙版编辑状态，此时使用画笔工具在蒙版区域进行绘制，绘制的区域将呈半透明的红色显示，如图6-22所示，该区域就是设置的保护区域。单击工具箱中的"以标准模式编辑工具"按钮，将退出快速蒙版模式，此时在蒙版区域中呈红色显示的图像将位于生成的选区之外，如图6-23所示。

<table>
<tr><td>图6-22 在蒙版区域绘制</td><td>图6-23 蒙版转换为选区</td></tr>
</table>

经验之谈

进入快速蒙版后，如果原图像颜色与红色保护颜色较为相近，不利于编辑，用户可以通过在"快速蒙版选项"对话框中设置快速蒙版的选项参数来改变颜色等选项。双击工具箱中的"以快速蒙版模式编辑"按钮 回 即可打开该对话框，单击色块可设置蒙版颜色。

6.3 使用滤镜

滤镜是Photoshop CS6中使用非常频繁的功能之一。使用不同功能的滤镜，可以进行人物瘦身处理，以及制作油画效果、扭曲效果、马赛克效果和浮雕等艺术性很强的专业图像效果，常用于海报的制作。本节将对滤镜的知识进行介绍。

6.3.1 认识滤镜库

Photoshop CS6中的滤镜库整合了"扭曲""画笔描边""素描""纹理""艺术效果""风格化"6种滤镜功能。通过该滤镜库，用户可对图像应用这6种滤镜效果。打开一张图像，选择【滤镜】/【滤镜库】命令，即可打开"滤镜库"对话框，如图6-24所示。

图6-24 "滤镜库"对话框

1. 风格化

使用"风格化"滤镜组可生成印象派风格的图像效果。滤镜库中只有"照亮边缘"一种风格化滤镜效果。用"照亮边缘"滤镜，可以照亮图像边缘轮廓。

2. 画笔描边

"画笔描边"滤镜组用于模拟不同的画笔或油墨笔刷来勾画图像，产生绘画效果。该滤镜组提供了8种滤镜效果。

- **成角的线条**：**"成角的线条"滤镜可以使图像中的颜色按一定的方向进行流动，从而产生类似倾斜划痕的效果。**

- 墨水轮廓："墨水轮廓"滤镜可以模拟使用纤细的线条在图像原细节上重绘图像，从而生成钢笔画风格的图像效果。
- 喷溅："喷溅"滤镜可以使图像产生类似笔墨喷溅的自然效果。
- 喷色描边："喷色描边"滤镜和"喷溅"滤镜效果比较类似，可以使图像产生斜纹飞溅的效果。
- 强化的边缘："强化的边缘"滤镜可以对图像的边缘进行强化处理。
- 深色线条："深色线条"滤镜将使用短而密的线条来绘制图像的深色区域，用长而稀的线条来绘制图像的浅色区域。
- 烟灰墨："烟灰墨"滤镜可以模拟使用蘸满黑色油墨的湿画笔在宣纸上绘画的效果。
- 阴影线："阴影线"滤镜可以使图像表面生成交叉状倾斜划痕的效果。其中"强度"数值框用来控制交叉划痕的强度。

3. 扭曲

使用"扭曲"滤镜组可以对图像进行扭曲变形处理。该滤镜组中有3种滤镜效果。

- 玻璃："玻璃"滤镜可以制作出不同的纹理，让图像产生一种隔着玻璃观看的效果。
- 海洋波纹："海洋波纹"滤镜可以扭曲图像表面，使图像产生在水面下方的效果。
- 扩散亮光："扩散亮光"滤镜可以以背景色为基色对图像进行渲染，产生透过柔和漫射滤镜观看的效果，亮光从图像的中心位置逐渐隐没。

4. 素描

"素描"滤镜组可以用来在图像中添加纹理，使图像产生素描、速写及三维的艺术绘画效果。该滤镜组提供了14种滤镜效果。

- 半调图案：使用"半调图案"滤镜可以用前景色和背景色在图像中模拟半调网屏的效果。
- 便条纸：使用"便条纸"滤镜能模拟凹陷压印图案，产生草纸画效果。
- 粉笔和炭笔：使用"粉笔和炭笔"滤镜可以使图像产生被粉笔和炭笔涂抹的草图效果。在处理过程中，粉笔使用背景色，用来处理图像较亮的区域；而炭笔使用前景色，用来处理图像较暗的区域。
- 铬黄渐变：使用"铬黄渐变"滤镜可以使图像像是擦亮的铬黄表面，类似于液态金属的效果。
- 绘图笔：使用"绘图笔"滤镜可以生成一种钢笔画素描效果。
- 基底凸现：使用"基底凸现"滤镜将模拟浅浮雕在光照下的效果。
- 石膏效果：使用"石膏效果"滤镜可以使图像看上去好像用立体石膏压模而成。使用前景色和背景色上色，图像中较暗的区域突出，较亮的区域下陷。
- 水彩画纸：使用"水彩画纸"滤镜可以模拟在潮湿的纤维纸上涂抹颜色，产生画面浸湿、纸张扩散的效果。
- 撕边：使用"撕边"滤镜可使图像呈粗糙和撕破的纸片状，并使用前景色与背景色给图像着色。
- 炭笔：使用"炭笔"滤镜将产生色调分离的涂抹效果，主要边缘用粗线条绘制，而中间色调用对角描边绘制。
- 炭精笔：使用"炭精笔"滤镜可以模拟使用炭精笔绘制图像的效果，在暗区使用前景色绘制，在亮区使用背景色绘制。

- 图章：使用"图章"滤镜能简化图像、突出主体，产生类似橡皮和木制图章的效果。
- 网状：使用"网状"滤镜能模拟胶片感光乳剂的受控收缩和扭曲的效果，使图像的暗色调区域好像被结块，高光区域好像被颗粒化。
- 影印：使用"影印"滤镜可以模拟影印效果，并用前景色填充图像的亮区，用背景色填充图像的暗区。

5. 纹理

"纹理"滤镜组可以对图像应用多种纹理的效果，使其产生纹理质感。该滤镜组提供了6种滤镜效果。

- 龟裂缝：使用"龟裂缝"滤镜可以在图像中随机生成龟裂纹理并使图像产生浮雕效果。
- 颗粒：使用"颗粒"滤镜可以模拟将不同种类的颗粒纹理添加到图像中的效果。用户可以在"颗粒类型"下拉列表框中选择多种颗粒形态。
- 马赛克拼贴：使用"马赛克拼贴"滤镜可以产生分布均匀但形状不规则的马赛克拼贴效果。
- 拼缀图：使用"拼缀图"滤镜可使图像产生由多个方块拼缀的效果，每个方块的颜色是由该方块中像素的平均颜色决定的。
- 染色玻璃：使用"染色玻璃"滤镜可以使图像产生不规则的玻璃网格拼凑出来的效果。
- 纹理化：使用"纹理化"滤镜可以向图像中添加系统提供的各种纹理效果，或者根据另一个图像文件的亮度值向图像中添加纹理效果。

6. 艺术效果

"艺术效果"滤镜组为用户提供了模仿传统绘画手法的途径，可以为图像添加绘画效果或艺术特效。该滤镜组提供了15种滤镜效果。

- 壁画：使用"壁画"滤镜将用短而圆、粗略轻的小块颜料涂抹图像，产生风格较粗犷的效果。
- 彩色铅笔：使用"彩色铅笔"滤镜可以模拟用彩色铅笔在纸上绘图的效果，同时保留重要边缘，外观呈粗糙阴影线。
- 粗糙蜡笔：使用"粗糙蜡笔"滤镜可以模拟蜡笔在纹理背景上绘图，产生一种纹理浮雕效果。
- 底纹效果：使用"底纹效果"滤镜可以使图像产生喷绘效果。
- 干画笔：使用"干画笔"滤镜能模拟用干画笔绘制图像边缘的效果。该滤镜通过将图像的颜色范围减少为常用颜色区来简化图像。
- 海报边缘：使用"海报边缘"滤镜可以减少图像中的颜色数目，查找图像的边缘并在上面绘制黑线。
- 海绵：使用"海绵"滤镜可以模拟海绵在图像上绘画的效果，使图像带有强烈的对比色纹理。
- 绘画涂抹：使用"绘画涂抹"滤镜可以模拟使用各种画笔涂抹的效果。
- 胶片颗粒：使用"胶片颗粒"滤镜可以在图像表面产生胶片颗粒状纹理效果。
- 木刻：使用"木刻"滤镜可使图像产生木雕画效果。
- 霓虹灯光：使用"霓虹灯光"滤镜可以将各种类型的发光添加到图像的对象上，产生彩色氖光灯照射的效果。

- 水彩：使用"水彩"滤镜可以简化图像细节，以水彩的风格绘制图像，产生一种水彩画效果。
- 塑料包装：使用"塑料包装"滤镜可以使图像表面产生类似透明塑料袋包裹物体时的效果。
- 调色刀：使用"调色刀"滤镜可以减少图像中的细节，生成描绘得很淡的图像效果。
- 涂抹棒：使用"涂抹棒"滤镜可以用短的对角线涂抹图像的较暗区域来柔和图像，增加图像的对比度。

6.3.2　应用独立滤镜

Photoshop CS6中除了提供滤镜库来处理图像外，还提供了"液化""油画""消失点""自适应广角"和"镜头校正"等几个常用的独立滤镜。通过这些滤镜，用户不但能制作不同特效的图像效果，还能让展现的效果更加美观。下面分别对这些独立滤镜进行介绍。

- "液化"滤镜：使用"液化"滤镜可以对图像的任意部分进行各种类似液化效果的变形处理，如收缩、膨胀和旋转等。"液化"滤镜多用于人物瘦身。在液化过程中，用户可以对各种效果程度进行随意控制。其方法为：选择【滤镜】/【液化】命令，即可打开"液化"对话框，在其中进行调整和设置，完成后单击 确定 按钮，如图6-25所示。

图6-25　液化滤镜效果

- "油画"滤镜："油画"滤镜可以将普通的图像效果转换为手绘油画效果，通常用于制作风格画。其方法为：选择【滤镜】/【油画】命令，打开"油画"对话框，在对话框中设置参数制作油画效果，完成后单击 确定 按钮，如图6-26所示。

图6-26　油画滤镜效果

- "消失点"滤镜：使用"消失点"滤镜可以在极短的时间内达到令人称奇的效果。在"消失点"滤镜工具选择的图像区域内进行克隆、喷绘及粘贴图像等操作时，操作会自动应用透视原理，按照透视的角度和比例来适应图像的修改，从而大大节约制作时间。其方法为：复制需要添加到消失点的路径与形状，选择【滤镜】/【消失点】命令或按【Ctrl+Shift+V】组合键，打开"消失点"对话框，在其中绘制轮廓，粘贴复制后的图形，完成图形的添加，完成后单击 确定 按钮，如图6-27所示。

图6-27　消失点滤镜效果

经验之谈

　　下面分别对"消失点"对话框中各个按钮的作用进行介绍。单击"编辑平面工具"按钮 ，可以选择、编辑网格；单击"创建平面工具"按钮 ，可以从现有的平面伸展出垂直的网格；单击"选框工具"按钮 ，可以移动刚粘贴的图像；单击"图章工具"按钮 ，可以产生与仿制图章工具相同的效果；单击"画笔工具"按钮 ，可以使用画笔功能绘制图像；单击"变换工具"按钮 ，可以对网格区域的图像进行变换操作；单击"吸管工具"按钮 ，可以设置绘图的颜色；单击"测量工具"按钮 ，可以查看两点之间的距离。

- "自适应广角"滤镜：使用"自适应广角"滤镜能对图像的范围进行调整，使图像得到类似使用不同镜头拍摄的视觉效果。其方法为：选择【滤镜】/【自适应广角】命令，打开"自适应广角"对话框，如图6-28所示。

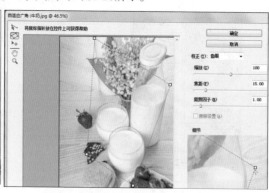

图6-28　自适应广角滤镜效果

● "镜头校正"滤镜：使用相机拍摄照片时可能会因为一些外在因素造成如镜头失真、晕影或色差等情况，这时可通过"镜头校正"滤镜对图像进行校正，修复因为镜头的关系而出现的问题。其方法为：选择【滤镜】/【镜头校正】命令，打开"镜头校正"对话框，在其中可设置矫正参数，完成后单击 确定 按钮，如图6-29所示。

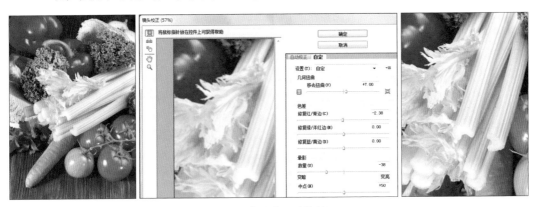

图6-29　镜头校正滤镜效果

6.3.3　应用特效滤镜

常见的特效滤镜包括"风格化"滤镜组、"模糊"滤镜组、"扭曲"滤镜组、"锐化"滤镜组、"像素化"滤镜组、"渲染"滤镜组及"其他"滤镜组等，下面分别进行介绍。

1. "风格化"滤镜组

使用"风格化"滤镜组能对图像的像素进行位移、拼贴及反色等操作。"风格化"滤镜组除了包括滤镜库中的"照亮边缘"滤镜外，还包括"查找边缘""等高线""风""浮雕效果""扩散""拼贴""曝光过度"和"凸出"滤镜等。选择【滤镜】/【风格化】命令后，在弹出的子菜单中可以看到上述8种滤镜。下面分别进行介绍。

● 查找边缘："查找边缘"滤镜可以查找图像中主色块颜色变化的区域，并为查找到的边缘轮廓描边，使图像看起来像用笔刷勾勒的轮廓一样。该滤镜无参数对话框。

● 等高线："等高线"滤镜可以沿图像的亮部区域和暗部区域的边界绘制出颜色比较浅的线条效果。

● 风："风"滤镜可以将图像的边缘以一个方向为准向外移动远近不同的距离，实现类似风吹的效果。

● 浮雕效果："浮雕效果"滤镜可以将图像中颜色较亮的图像分离出来，再将周围的颜色降低生成浮雕效果。

● 扩散："扩散"滤镜可以使图像产生看起来像透过磨砂玻璃一样的模糊效果。

● 拼贴："拼贴"滤镜可以根据对话框中设定的值将图像分成许多小贴块，看上去整幅图像像画在方块瓷砖上。

● 曝光过度："曝光过度"滤镜可以使图像的正片和负片混合，产生类似于摄影中增加光线强度导致过度曝光的效果。该滤镜无参数对话框。

- 凸出："凸出"滤镜可以将图像分成数量不等、大小相同并有序叠放的立体方块，用来制作图像的三维背景。

2. "模糊"滤镜组

"模糊"滤镜组通过削弱图像中相邻像素的对比度，使相邻的像素产生平滑过渡，从而产生边缘柔和、模糊的效果。"模糊"滤镜组共14种滤镜，它们按模糊方式不同对图像起到不同的效果。使用时只需选择【滤镜】/【模糊】命令，在弹出的子菜单中选择相应的命令即可。下面分别对这些命令进行介绍。

- 场景模糊："场景模糊"滤镜可以使画面的不同区域呈现不同模糊程度的效果。
- 光圈模糊："光圈模糊"滤镜可以将一个或多个焦点添加到图像中。用户可以对焦点的大小、形状及焦点区域外的模糊数量和清晰度等进行设置。
- 移轴模糊："移轴模糊"滤镜可用于模拟相机拍摄的移轴效果，其效果类似于微缩模型。
- 表面模糊："表面模糊"滤镜在模糊图像时可保留图像边缘，用于创建特殊效果，以及去除杂点和颗粒。
- 动感模糊："动感模糊"滤镜可通过对图像中某一方向上的像素进行线性位移来产生运动模糊效果。
- 方框模糊："方框模糊"滤镜以邻近像素颜色平均值为基准值模糊图像。
- 高斯模糊："高斯模糊"滤镜可根据高斯曲线对图像进行选择性模糊，以产生强烈的模糊效果，是比较常用的模糊滤镜。在"高斯模糊"对话框中，"半径"数值框可以调节图像的模糊程度，数值越大，模糊效果越明显。
- 径向模糊："径向模糊"滤镜可以使图像产生旋转或放射状模糊效果。
- 进一步模糊："进一步模糊"滤镜可以使图像产生一定程度的模糊效果。它与"模糊"滤镜效果类似。该滤镜没有参数设置对话框。
- 镜头模糊："镜头模糊"滤镜可使图像模拟摄像时镜头抖动产生的模糊效果。
- 模糊："模糊"滤镜通过对图像中边缘过于清晰的颜色进行模糊处理来达到模糊效果。该滤镜无参数设置对话框。只使用一次该滤镜，图形效果不会太明显，若重复使用该滤镜，效果尤为明显。
- 平均："平均"滤镜通过对图像中的平均颜色值进行柔化处理，从而产生模糊效果。该滤镜无参数设置对话框。
- 特殊模糊："特殊模糊"滤镜通过找出图像的边缘以及模糊边缘以内的区域，从而产生一种边界清晰、中心模糊的效果。在"特殊模糊"对话框的"模式"下拉列表框中选择"仅限边缘"选项，模糊后的图像呈黑色显示。
- 形状模糊："形状模糊"滤镜使图像按照某一指定的形状作为模糊中心来进行模糊。在"形状模糊"对话框下方选择一种形状，然后在"半径"数值框中输入数值来决定形状的大小（数值越大，模糊效果越强），完成后单击 确定 按钮。

3. "扭曲"滤镜组

"扭曲"滤镜组主要用于对图像进行扭曲变形。该滤镜组提供了12种滤镜效果，其中"玻璃""海洋波纹"和"扩散亮光"滤镜位于滤镜库中，其他滤镜位于【滤镜】/【扭曲】命令中。

下面分别对这些滤镜进行介绍。

- 波浪："波浪"滤镜通过设置波长，使图像产生波浪涌动的效果。
- 波纹："波纹"滤镜可以使图像产生水波荡漾的涟漪效果。它与"波浪"滤镜相似，除此之外，"波纹"对话框中的"数量"参数还能用于设置波纹的数量。该值越大，产生的涟漪效果越强。
- 极坐标："极坐标"滤镜可以通过改变图像的坐标方式，使图像产生极端的变形。
- 挤压："挤压"滤镜可以使图像产生向内或向外挤压变形的效果。通过在打开的"挤压"对话框的"数量"数值框中输入数值，可以控制挤压效果。
- 切变："切变"滤镜可以使图像在竖直方向产生弯曲效果。在"切变"对话框左上侧的方格框的垂直线上单击，可创建切变点，拖动切变点可实现图像的切变变形。
- 球面化："球面化"滤镜就是模拟将图像包在球上并伸展来适合球面，从而产生球面化的效果。
- 水波："水波"滤镜可使图像产生起伏状的波纹和旋转效果。
- 旋转扭曲："旋转扭曲"滤镜可产生旋转扭曲效果，且旋转中心为物体的中心。在"旋转扭曲"对话框中，"角度"参数用于设置旋转方向，为正值时将顺时针扭曲，为负值时将逆时针扭曲。
- 置换："置换"滤镜可以使图像产生移位效果。移位的方向不仅跟参数设置有关，还跟位移图有密切关系。使用该滤镜需要两个文件：一个是要编辑的图像文件；另一个是位移图文件。位移图文件充当位移模板，用于控制位移的方向。

4. "锐化"滤镜组

"锐化"滤镜组可以使图像更清晰，一般用于调整模糊的图像。在使用"锐化"滤镜组中的滤镜时要注意，过度使用会造成图像失真。"锐化"滤镜组包括"USM锐化""防抖""进一步锐化""锐化""锐化边缘"和"智能锐化"6种滤镜效果。使用时只需选择【滤镜】/【锐化】命令，在弹出的子菜单中进行相应的选择即可。下面分别进行介绍。

- USM锐化："USM锐化"滤镜可以在图像边缘的两侧分别制作一条明线或暗线来调整边缘细节的对比度，将图像边缘轮廓锐化。
- 防抖：使用"防抖"滤镜能够将因抖动而导致模糊的照片修改成正常的清晰效果，常用于解决拍摄不稳导致的图像模糊。
- 进一步锐化："进一步锐化"滤镜可以增加像素之间的对比度，使图像变得清晰，但锐化效果比较微弱。该滤镜没有参数设置对话框。
- 锐化："锐化"滤镜和"进一步锐化"滤镜相同，都是通过增强像素之间的对比度来增强图像的清晰度，其效果比"进一步锐化"滤镜明显。该滤镜也没有参数设置对话框。
- 锐化边缘："锐化边缘"滤镜可以锐化图像的边缘，并保留图像整体的平滑度。该滤镜没有参数设置对话框。
- 智能锐化："智能锐化"滤镜的功能很强大，用户可以设置锐化算法、控制阴影和高光区域的锐化量。

5. "像素化"滤镜组

"像素化"滤镜组主要通过将图像中相似颜色值的像素转化成单元格，使图像分块或平面化。"像素化"滤镜组中的滤镜一般用于增强图像质感，使图像的纹理更加明显。"像素化"滤镜组包括7种滤镜，使用时只需选择【滤镜】/【像素化】命令，在弹出的子菜单中选择相应的滤镜命令即可。下面分别进行介绍。

- 彩块化："彩块化"滤镜可以使图像中的纯色或相似颜色凝结为彩色块，从而产生类似宝石刻画般的效果。该滤镜没有参数设置对话框。
- 彩色半调："彩色半调"滤镜可以模拟在图像每个通道上应用半调网屏的效果。
- 晶格化："晶格化"滤镜可以使图像中相近的像素集中到一个像素的多角形网格中，从而使图像清晰化。在"晶格化"对话框中，"单元格大小"数值框用于设置多角形网格的大小。
- 点状化："点状化"滤镜可以在图像中随机产生彩色斑点，点与点之间的空隙用背景色填充。在"点状化"对话框中，"单元格大小"数值框用于设置点状网格的大小。
- 马赛克："马赛克"滤镜可以把图像中具有相似彩色的像素统一合成更大的方块，从而产生类似马赛克的效果。在"马赛克"对话框中，"单元格大小"数值框用于设置马赛克的大小。
- 碎片："碎片"滤镜可以将图像的像素复制4次，然后将它们平均移位并降低不透明度，从而形成一种不聚焦的"四重视"效果。
- 铜板雕刻："铜板雕刻"滤镜可以在图像中随机分布各种不规则的线条和虫孔斑点，从而产生镂刻的版画效果。在"铜板雕刻"对话框中，"类型"下拉列表框用于设置铜板雕刻的样式。

6. "渲染"滤镜组

在制作和处理一些风格照，或模拟不同的光源下不同的光线照明效果时，可以使用"渲染"滤镜组。"渲染"滤镜组提供了5种渲染滤镜，分别为"分层云彩""光照效果""镜头光晕""纤维"和"云彩"滤镜。使用时只需选择【滤镜】/【渲染】命令，在弹出的子菜单中选择相应的滤镜命令即可。下面分别进行介绍。

- 分层云彩："分层云彩"滤镜产生的效果与原图像的颜色有关，它会在图像中添加一个分层云彩效果。该滤镜没有参数设置对话框。
- 光照效果："光照效果"滤镜的功能相当强大，可以设置光源、光色、物体的反射特性等，然后根据这些设定产生光照，模拟3D绘画效果。使用时只需拖动白色框线调整光源大小，再调整白色圈线中间的强度环，最后按【Enter】键即可。
- 镜头光晕："镜头光晕"滤镜可以通过为图像添加不同类型的镜头来产生眩光的效果。
- 纤维："纤维"滤镜可根据当前设置的前景色和背景色来生成一种纤维效果。
- 云彩："云彩"滤镜可通过在前景色和背景色之间随机抽取像素并完全覆盖图像，从而产生类似云彩的效果。该滤镜没有参数设置对话框。

7. "其他"滤镜组

"其他"滤镜组主要用来处理图像的某些细节部分，也可自定义特殊效果滤镜。该组包括5种滤镜，分别为"高反差保留""自定""位移""最大值"和"最小值"滤镜。使用时只需选择【滤镜】/【其他】命令，在弹出的子菜单中选择相应的滤镜命令即可。下面分别进行介绍。

- 高反差保留："高反差保留"滤镜可以删除图像中色调变化平缓的部分而保留色彩变化最大的部分，使图像的阴影消失而亮点突出。其对话框中的"半径"数值框用于设定该滤镜分析处理的像素范围。值越大，效果图中保留原图像的像素越多。

- 自定："自定"滤镜可以创建自定义的滤镜效果，如创建锐化、模糊和浮雕等滤镜效果。"自定"对话框中有一个5×5的数值框矩阵，最中间的方格代表目标像素，其余的方格代表目标像素周围对应位置上的像素。在"缩放"数值框中输入一个值后，将以该值去除计算中包含像素的亮度部分；在"位移"数值框中输入的值与缩放计算结果相加，自定义后再单击"存储"按钮，可将设置的滤镜存储到系统中，以便下次使用。

- 位移："位移"滤镜可根据"位移"对话框中设定的值来偏移图像，偏移后留下的空白可用当前的背景色填充、重复边缘像素填充或折回边缘像素填充。

- 最大值/最小值："最大值"滤镜可以将图像中的明亮区域扩大，将阴暗区域缩小，产生较明亮的图像效果；"最小值"滤镜可以将图像中的明亮区域缩小，将阴暗区域扩大，产生较阴暗的图像效果。

CHAPTER

07

第7章
切片与批处理图像

很多图像并不是完成基本处理就完成了整个操作，它们还必须进行一些其他相关操作，例如，将处理一个图像的操作重复应用到多个图像（这就是动作和批处理功能的使用），将制作的网页效果图切片输出为一张张小图像等。本章主要讲解这些图像处理后续的常见操作，以解决实际工作中的问题。

- 切片
- 动作与批处理图像

本章要点

7.1 切片

使用切片将图像切割为若干个小块，可以确保网页图像的下载速度。这些切割后的小图像，通过网页设计器的编辑，组合为一个完整的图像，再通过Web浏览器进行显示，这样既保证了图像的显示效果，又提高了用户网页体验的舒适度。下面将具体讲解创建和编辑切片的相关操作。

7.1.1 创建切片

创建切片是进行切片的第一步。创建切片主要通过切片工具和切片选择工具来完成。下面分别对这两个工具进行介绍。

1. 切片工具

使用切片工具可以创建切片。创建切片的方法与创建选区的方法相同。其方法为：选择切片工具后，按住鼠标左键在图像上拖动，即可完成选区的绘制。选择切片工具后将显示图7-1所示的工具属性栏。

图 7-1 切片工具属性栏

切片工具属性栏的"样式"下拉列表框中相关选项的含义如下。

- 正常：选择该选项后，可以通过拖动鼠标来确定切片的大小。
- 固定长宽比：选择该选项后，可在"宽度""高度"文本框中设置切片的宽高比。
- 固定大小：选择该选项后，可在"宽度""高度"文本框中设置切片的固定大小。

2. 切片选择工具

使用切片选择工具可以对切片进行选择、调整堆叠顺序、对齐与分布等操作。选择切片选择工具后将显示图7-2所示的工具属性栏。

图 7-2 切片选择工具属性栏

切片选择工具属性栏中相关选项的含义如下。

- 调整切片堆叠顺序：创建切片后，最后创建的切片将处于堆叠顺序的最高层。若想调整切片的位置，可单击、、和这4个按钮进行调整。
- 提升：单击提升按钮，可以将所选的自动切片或图层切片提升为用户切片。
- 划分：单击划分按钮，打开"划分切片"对话框，在该对话框中可对切片进行划分。
- 对齐与分布切片：选择多个切片后，可单击相应按钮来对齐或分布切片。
- 隐藏自动切片：单击隐藏自动切片按钮，将隐藏自动切片。
- 为当前切片设置选项：单击"为当前切片设置选项"按钮，打开"切片选项"对话框，在其中可设置名称、类型和URL地址等。

↘ 7.1.2 编辑切片

绘制切片后，如果用户对绘制的切片不满意，可以对切片进行编辑、调整。切片的常用编辑方法有选择切片、移动切片、复制切片、删除切片、锁定切片等。下面分别进行介绍。

1. 切片的选择、移动、复制

在切片绘制完成后，用户还可对切片进行选择、移动和复制。

- 选择：选择切片选择工具 ，在图像中单击需要选择的切片，即可直接选择单击的切片，按住【Shift】键的同时单击切片，可选择多个切片。
- 移动：选择切片后，按住鼠标左键进行拖动，即可移动所选切片。
- 复制切片：若想复制切片，可先选择切片，再按【Alt】键，当鼠标指针变为 形状时单击并拖动鼠标，即可复制切片。

2. 删除切片

若绘制过程中出现了多余的切片，用户可以将它们删除。Photoshop CS6中有以下3种删除切片的方法。

- 使用快捷键删除：选择切片后，按【Delete】键或【Backspace】键即可删除所选的切片。
- 使用命令删除：选择切片后，选择【视图】/【清除切片】命令，可删除所有的用户切片和图层切片，如图7-3所示。
- 使用快捷菜单删除：选择切片后，在其上单击鼠标右键，在弹出的快捷菜单中选择"删除切片"命令，如图7-4所示。

图7-3 使用命令删除切片   图7-4 使用快捷菜单删除切片

3. 锁定切片

当图像中的切片过多时，最好将它们锁定起来。锁定后的切片将不能被移动、缩放或更改。其方法为：选择需要锁定的切片，再选择【视图】/【锁定切片】命令，即可将切片锁定。移动被锁定的切片时，将弹出提示框，如图7-5所示。

图7-5　锁定切片

↘ 7.1.3　保存切片

切片编辑和调整后，还需要对切片后的图像进行保存。其方法为：选择【文件】/【存储为Web所用格式】命令，打开"存储为Web所用格式"对话框，在其中可对图像格式、颜色及大小等进行设置，完成后单击　存储…　按钮，如图7-6所示。打开"将优化结果存储为"对话框，在"格式"下拉列表框中选择保存的切片格式，主要包括HTML和图像、仅限图像和仅限HTML这3种，其中HTML是存储为网页，图像是存储为图像。输入文件名称后，单击　保存(S)　按钮保存切片。

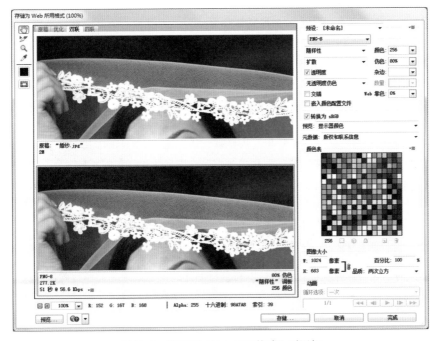

图 7-6　"存储为 Web 所用格式"对话框

7.2　动作与批处理图像

动作是Photoshop中的一大特色功能，用户可以通过它快速地对不同的图像进行相同的处理，大大简化了重复性的操作。动作会将不同的操作、命令及命令参数记录下来，以一个可执行文件的形式存在，供用户对其他图像执行相同操作时使用。下面将先通过课堂案例讲解动作的创建和保存方法，再对批处理的基础知识进行介绍。

↘ 7.2.1　认识"动作"面板

"动作"面板可以用于创建、播放、修改和删除图像。用户在Photoshop中选择【窗口】/【动作】命令，可打开"动作"面板，在其中进行动作的有关操作，如图7-7所示。在处理图像的过程中，用户的每一步操作都可看作是一个动作。如果将若干步操作放到一起，就成了一个动作组。单击▶按钮可以展开动作组或动作，同时该按钮将变为向下的按钮▼，再次单击即可恢复原状。

"动作"面板中相关选项的含义如下。

图 7-7　"动作"面板

- 切换项目开/关：若动作组、动作和命令前面有✔图标，表示该动作组、动作和命令可以执行；若动作组、动作和命令前面没有✔图标，则表示该动作组、动作和命令将不可被执行。

- 切换对话开/关：✔按钮后的◫图标用于控制当前所执行的命令是否需要弹出对话框。当◫图标显示为灰色时，表示暂停要播放的动作，并打开一个对话框，用户可以从中进行参数的设置；当◫图标显示为红色时，表示该动作的部分命令中包含了暂停操作。

- 停止播放/记录：单击"停止播放/记录"按钮■，将停止播放动作或停止记录动作。

- 开始记录：单击"开始记录"按钮●，开始记录新动作。

- 播放选定的动作：单击"播放选定的动作"按钮▶，将播放当前动作或动作组。

- 创建新组：单击"创建新组"按钮▢，将创建一个新的动作组。

- 创建新动作：单击"创建新动作"按钮▢，将创建一个新动作。

- 删除：单击"删除"按钮🗑，可删除当前动作或动作组。

- 展开与折叠动作：在动作组和动作名称前都有一个三角按钮，当该按钮呈▶状态时，单击该按钮可展开组中的所有动作或动作所执行的命令，此时该按钮变为▼状态；再次单击该按钮，可隐藏组中的所有动作和动作所执行的命令。

↘ 7.2.2　创建与保存动作

通过动作的创建与保存功能，用户可以将自己制作的图像效果（如画框效果或文字效果等）做成动作保存在计算机中，以避免重复的处理操作。下面将对创建与保存动作的方法进行介绍，其具体操作如下。

STEP 01 打开"牛奶.jpg"图形文件（素材\第7章\牛奶.jpg），选择【窗口】/【动作】命令，在打开的"动作"面板中单击底部的"创建新组"按钮 ，如图7-8所示。

STEP 02 在打开的"新建组"对话框中设置名称，如"白色调"，单击 确定 按钮新建动作组，如图7-9所示。

STEP 03 在"动作"面板中单击底部的"新建动作"按钮 ，在打开的"新建动作"对话框中设置"名称"为"紫色调"，设置"组"为"白色调"，设置"功能键"为"F11"，设置"颜色"为"紫色"，单击 记录 按钮，如图7-10所示。

扫一扫

创建与保存动作

图7-8 单击"创建新组"按钮

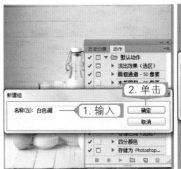

图7-9 新建组

图7-10 新建动作

STEP 04 选择【图像】/【调整】/【自然饱和度】命令，打开"自然饱和度"对话框，设置"自然饱和度"和"饱和度"分别为"26""36"，单击 确定 按钮，如图7-11所示。

STEP 05 选择【图像】/【调整】/【照片滤镜】命令，打开"照片滤镜"对话框，设置"滤镜"和"浓度"分别为"冷却滤镜""15"，单击 确定 按钮，如图7-12所示。

STEP 06 选择【图像】/【调整】/【色相/饱和度】命令，打开"色相/饱和度"对话框，设置"色相""饱和度"和"明度"分别为"-21""24""15"，单击 确定 按钮，如图7-13所示。

图7-11 设置自然饱和度

图7-12 设置照片滤镜

图7-13 设置色相/饱和度

STEP 07 动作完成后，单击"动作"面板底部的"停止录制"按钮 ，完成动作的录制，如图7-14所示。

STEP 08 在"动作"面板中选择要存储的动作组，这里选择"白色调"动作组，单击右上角的 按钮，在打开的菜单中选择"存储动作"命令，如图7-15所示。

STEP 09 在打开的"存储"对话框中选择存放动作文件的目标文件夹，输入要保存的动作名称，单击 保存(S) 按钮，如图7-16所示（效果\第7章\白色调.ATN）。

图7-14　完成录制　　　图7-15　选择"存储动作"选项　　　图7-16　保存动作

7.2.3　批处理图像

Photoshop CS6还提供了一些批处理图像的功能。通过这些功能，用户可以轻松地完成对多个图像的批量处理。批处理图像可以通过以下两种方式进行。

1. 使用"批处理"命令

对图像应用"批处理"命令前，首先要通过"动作"面板将对图像执行的各种操作进行录制，保存为动作，然后才能进行批处理操作。其方法为：打开需要批处理的所有图像文件或将所有文件移动到相同的文件夹中，选择【文件】/【自动】/【批处理】命令，打开"批处理"对话框，如图7-17所示。

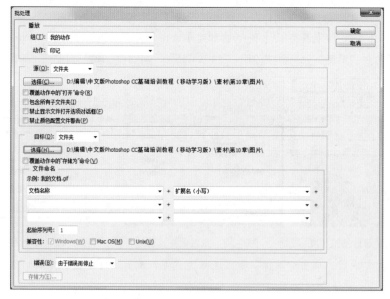

图7-17　"批处理"对话框

"批处理"对话框中相关选项的含义如下。

● "组"下拉列表框：用于选择要执行的动作所在的组。

- "动作"下拉列表框：选择所要应用的动作。
- "源"下拉列表框：用于选择需要批处理的图像文件来源。选择"文件夹"选项，可单击"选择"按钮查找并选择需要批处理的文件夹；选择"导入"选项，则可导入以其他途径获取的图像，从而进行批处理操作；选择"打开的文件"选项，可对所有已经打开的图像文件应用动作；选择"Bridge"选项，则用于对文件浏览器中选取的文件应用动作。
- "目标"下拉列表框：用于选择处理文件的目标。选择"无"选项，表示不对处理后的文件做任何操作；选择"存储并关闭"选项，可将进行批处理的文件存储并关闭以覆盖原来的文件；选择"文件夹"选项，并单击下面的"选择"按钮，可选择目标文件所保存的位置。
- "文件命名"栏：在"文件命名"栏的6个下拉列表框中，可指定目标文件生成的命名形式。在该选项区域中，用户还可以指定文件名的兼容性，如Windows、Mac OS或UNIX操作系统。
- "错误"下拉列表框：在该下拉列表中可指定出现操作错误时软件的处理方式。

2. 创建快捷批处理方式

使用"创建快捷批处理"命令的操作方法与"批处理"命令相似，只是在创建快捷批处理方式后，在相应的位置会创建一个快捷方式图标。用户只需将需要处理的文件拖至该图标上，即可自动对图像进行处理。其方法是：选择【文件】/【自动】/【创建快捷批处理】命令，打开"创建快捷批处理"对话框，在该对话框中设置快捷批处理和目标文件的存储位置以及需要应用的动作后，单击 确定 按钮，如图7-18所示。打开存储快捷批处理的文件夹，即可在其中看到一个◆的快捷图标，将需要应用该动作的文件拖到该图标上即可自动完成图像的批处理。

图7-18　"创建快捷批处理"对话框

CHAPTER

08

第8章
ITMC网店装修实战

在ITMC中，学员需要在不同的题库中抽取试题，其中，服饰和鞋品类是设计的重点。学员不但需要根据试卷的要求进行不同图片的制作，还要使制作的效果美观。本章将主要讲解服饰和鞋品类、计算机和办公用品类的设计方法。

- ITMC网店设计基础及要点
- 服装服饰类网店设计
- 计算机配件类网店设计

本章要点

8.1 ITMC网店设计基础及要点

不同品类网店设计的内容都包括店标、店招、Banner、主图和详情页5部分。学员在开始设计前需要先了解各个部分的基础知识和设计要点，为不同类目和各个部分的设计打下基础。

8.1.1 店标设计基础及要点

在ITMC中，店标是考试中的设计重点。好的店标不但要给买家传达明确的信息，还要表现店铺的风格与品牌形象，保证与店铺整体形象的和谐、统一。要达到这样的效果，需遵循以下原则。

- 选择合适的店标素材：店标素材可从网上或日常收集得到。在其中找出适合网店风格的、清晰的、没有版权纠纷的素材用于设计即可。
- 凸显店铺的独特性质：店标是用来表达店铺性质的。要让买家感受到店铺的风格和品质，学员在制作店标时可适当添加一些个性的设计，让店标与众不同。
- 让店标过目不忘：一个好的店标要从颜色、图案、字体及动画等方面入手。学员要在符合店铺定位的基础上，使用醒目的颜色、独特的图案、漂亮的字体和直观的动画，给买家留下深刻的印象。
- 统一性：店标的外观、颜色要与店铺风格相统一，不能只考虑美观，并且还要考虑效果的变化是否符合需求。

在考试中，由于时间的局限性，学员可直接以提供的店铺信息作为店标的内容，再结合形状工具的使用，让店标变得更加美观。店标要求大小适宜，比例精准，没有压缩变形，能体现店铺所销售的商品，设计独特，具有一定的创新性。下面分别对常见店铺类型的尺寸和要求进行介绍。

- PC电商店铺要求：制作尺寸为230像素×70像素，大小不超过150KB。
- 移动电商店铺要求：制作尺寸为100像素×100像素，大小不超过80KB。
- 跨境电商店铺要求：制作尺寸为230像素×70像素，大小不超过150KB。

8.1.2 店招设计基础及要点

店招即店铺的招牌，位于店铺首页最顶端，用来对店铺进行定位。店招不仅代表着店铺的第一视觉印象，也兼顾着品牌宣传的作用。在进行店招设计时，设计人员不仅要凸显店铺的特色，更要清晰地传达品牌的视觉定位。就ITMC考试而言，只有移动电商店铺才需要制作店招，制作时要求尺寸为642像素×200像素，大小不超过200KB。

店招要求具有新颖别致、易于传播的特点，这就必须遵循两个基本的原则：一是品牌形象的植入；二是抓住产品定位。品牌形象的植入可以通过店铺名称、标志来给予展示，产品定位则是指展示店铺所售的商品，精准的产品定位可以快速吸引目标消费者进入店铺。下面分别对店招设计的4大原则进行介绍。

- 适合性：店招设计要准确体现店铺的类别和经营特色，宣传店铺的经营内容和主题，反映商品特性和内涵。

- **流行性**：店招设计要随着不同时期人们的审美观念而有所变化，相应地改变设计素材、造型形式及流行色彩搭配，以跟上时代潮流。
- **广告性**：店招设计要能起到广而告之的作用，以宣传店铺经营内容，扩大店铺知名度。
- **风格鲜明、独特**：店招设计要做到与众不同、标新立异，要敢于使用夸张的形象和文字来体现店铺的独特风格。

8.1.3 Banner设计基础及要点

Banner也是ITMC考试中的重点。不同的Banner，其类型尺寸不同，学员需要选择合适的设计方式进行设计。常见的设计方式有10种，学员可根据提供的素材选择合适的方式进行制作。下面分别进行介绍。

- **重心式**：重心式也称为居中式，容易让浏览者产生视觉焦点，让其一眼就能看到作品想要表达的信息，适合重点突出的文案或单个商品。图8-1所示即为重心式Banner效果，通过在画面中心塑造人物形象来体现主题。
- **左右式**：左右式，顾名思义就是把整个版面分为左右两个部分，可以文案在左，商品在右；也可以文案在右，商品在左。这需要根据需求去选择。一般左右式Banner会对文案进行装饰或添加背景，以达到左右均衡。图8-2所示即为左右式Banner效果，左侧为说明性文字，右侧为商品图片，整个画面和谐美观。

图8-1　重心式Banner　　　　　　　　　　图8-2　左右式Banner

- **上下式**：上下式，顾名思义就是把整个版面分为上下两个部分，可以文案在上，商品在下；也可以文案在下，商品在上。由于Banner的尺寸有高度限制，所以这种类型一般使用较少。图8-3所示即为上下式Banner效果，上方为说明性文字，下方为商品图片。
- **倾斜式**：倾斜式Banner给人一种偏个性的感觉，常使用装饰图形和文字等来进行倾斜造型。一些律动感或时尚感比较强的商品会采用这种方式。图8-4所示即为倾斜式Banner效果，将说明性文字倾斜显示，使整个效果更具有吸引力。
- **满版式**：满版式Banner一般以场景图片填充整个版面，加之以文字进行装饰。文字一般在左右两侧或居中。这种版式的视觉传达通常比较直观，给人以大气舒展的感觉，同时视觉冲击力也比较强烈。图8-5所示即为满版式Banner效果，将商品图片放在两侧进行展示，再在中间区域添加说明性文字，使整个效果更加饱满。

图8-3　上下式Banner

图8-4　倾斜式Banner

- 蒙版式：蒙版式Banner就是在图片上加一个有透明度的图层，最后在最上层加上文字。这种Banner设计也比较常见，商品代入感比较强。图8-6所示即为蒙版式Banner效果，中间添加透明文字和图层，使整个效果更加美观。

图8-5　满版式Banner

图8-6　蒙版式Banner

- 曲线式：曲线式Banner一般以曲线为基础去编排图片和文字。这种版式一般在运动或需要展现节奏和律动的商品中出现得比较多。图8-7所示即为曲线式Banner效果，通过绘制曲线背景，使整个画面更具流畅感，再在曲线形状的上方添加文字和图片，使整个效果更具时尚感。

- 对称式：对称式Banner给人一种稳重大气的感觉。对称也分为绝对对称和相对对称两种，绝对对称一般使用较少，因为它给人一种过于严谨和死板的感觉；而相对对称则比较灵活，同时也不失整齐稳重，所以使用较多。图8-8所示即为对称式Banner效果，人物与人物对称，使整个效果更加美观。

图8-7　曲线式Banner

图8-8　对称式Banner

- 三角式：三角式Banner也比较常见。以三角形作为装饰性元素，会营造出一种非常强烈的前后空间感。正三角形是最具安全稳定因素的形态（如金字塔），而圆形和倒三角形则给人以动感和不稳定感。图8-9所示即为三角式Banner效果，以三角形做背景，使整个效果更加具有稳定感。

- 四角式：四角式Banner一般以四边形为基础去编排图片和文字，给人以严谨、规范的感觉。图8-10所示即为四角式Banner效果，将素材作为背景，并通过四边形装饰文字，使整个画面更加美观。

图8-9　三角式Banner　　　　　　　　　　　　　图8-10　四角式Banner

8.1.4　主图设计基础及要点

主图也是ITMC考试的重点。在图片的选择上，主图必须能较好地反映出该商品的功能特点，对顾客有足够的吸引力，同时必须有较好的清晰度。对于图文结合的图片，文字不能影响图片的整体美观、不能本末倒置。下面对设计要点进行介绍。

● 图片场景：在设计图片场景时，不同背景、不同虚化程度的素材都可能影响图片场景的效果，从而影响点击率。在使用不同场景的图片时，要注意主图位置与前后情况，因为前后商品的图片场景会影响商品主图的刺激力度。从大量数据调研中可看出，有50%的主图都使用生活场景，如图8-11所示。

● 背景颜色：背景颜色常使用可以烘托商品的纯色背景，切记不要用过于复杂的颜色，因为人的眼睛一次只能存储2～3种颜色。以纯色做背景在颜色搭配上比较容易，也能令人印象深刻，如图8-12所示。反之，过多、过杂的背景颜色，会使人感到眼部疲劳，只会分散注意力，让效果大打折扣。

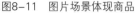

图8-11　图片场景体现商品　　　　　　　　　　图8-12　背景颜色体现商品

● 促销信息：促销信息不但能提升主图的美观度，还能通过直观的信息表现来快速刺激买家的消费欲望。促销信息的内容要尽量简单、字体统一，应保持在10个字内，做到简短、清晰有力，避免混乱、喧宾夺主等情况。图8-13所示为"全场1元起"的促销信息。

● 在主图中添加水印：为了避免图片被盗用，可为主图添加水印。水印可以是店铺名称或店标，以加深买家对店铺的印象，并减少主图被盗用的风险，如图8-14所示。

图8-13　促销信息　　　　　　　　　图8-14　添加水印

↘ 8.1.5　详情页设计基础及要点

详情页是ITMC考试的重点，不但要体现设计风格，还需要展现详细的商品信息和效果。详情页的呈现风格有很多种，如复古、现代、商务、卡通等，这些都是常用的设计表现手法。详情页是商品信息的主要展示页面。如何激发买家产生购物行为成为判断详情页设计效果好坏的标准。简单来说，可按照激发买家兴趣、展示商品卖点、展示商品品质、打消买家疑虑、营造购物紧迫感的思路来进行详情页内容的构建，如图8-15所示。

图8-15　商品详情页内容思路

● 激发买家兴趣：激发买家购物兴趣最简单的方法就是塑造商品的实用价值，即让买家看到商品能够带给他们的利益或好处。这个利益或好处应该是买家最关心的、最需要的，即买家的痛点。设计人员需要站在买家的角度去思考，通过深入分析买家的购物行为，从中提炼出买家最关心的问题，从而找出打动买家的痛点，最后再将这个痛点以醒目的形式展示在商品详情信息的最上方。图8-16所示即为一款保温杯的海报，主要展现了"私人定制"的买家需求，可免费刻字；同时还赠送杯套、杯刷等，以吸引买家产生继续浏览详情页的兴趣。

图8-16 激发买家兴趣

● 展示商品卖点：卖点是促使买家产生购物行为的主要因素。卖点越符合买家的购物需求，就越能激发买家的购物欲望。一般来说，卖点应该体现出独特性和差异性，独特性就是指商品独一无二、不可复制的特点；差异性是指与同类商品之间的区别。最好的展示商品卖点的方法就是通过一句凝练的文字形成主打广告语，通过文案内容来进行展示。卖点的提炼方法很多，根据完整的商品概念来看，一个完整的商品应该包括核心商品、形式商品、延伸商品3个层次。核心商品即商品的使用价值；形式商品是指商品的外在表现，如外观、质量、重量、规格、视觉、手感、包装等；延伸商品是指商品的附加价值，如服务、承诺、荣誉等可以提升商品内涵的元素。将这些信息全部收集起来，找到与买家需求最匹配的、人无我有、人有我优的卖点，才能增加自身竞争力，实现对买家的吸引。图8-17所示为一款简约吊灯的卖点展示，主打卖点为"环保原木"，通过对该卖点的展示，表现了商品纹理均匀、不易变形、硬度强劲、易于清洁等特点，吸引买家继续浏览详情页内容。

图8-17 卖点展示

● 展示商品品质：商品品质是对商品信息的详细展示，功能、性能、工艺、参数、材质、细节、性价比等内容都是商品品质的展示途径。优质的商品品质可以提升买家的购买欲望和访问深度，最终提高商品转化率。在展示商品品质时，应该注意展示方法，如在展示参数、性能、工艺等数据时，不要直接使用烦琐的文字和数据，而应通过简单直白的图片搭配文案进行展示，让买家能够一目了然。即以图片为主，文案为辅，注意详情页的整体视觉效果，突出商品本身。

● 打消买家疑虑：打消买家疑虑其实是为了增强买家对商品的信任度，以进一步催化买家的购物欲望。商品资质证书、品牌实力、防伪查询、售后服务、买家评价、消费保障等都是打消买家疑虑的有效方式。如销售珠宝首饰、数码电子商品的商品详情页都会提供商品的品质证明文件和防伪查询方式，这就为买家提供了多种证明商品质量的方式，既从商家的角度来角度证明了商品的品质，又让买家可以自己证明所购买商品的真伪，打消了买家对商品品质的疑虑。对买家所困惑的内容或容易产生疑虑的内容，要提供解答，以完全打消买家的疑虑。考生可通过评价展示或多方面的详情展示来打消买家疑虑。图8-18所示为某商品对于买家疑虑内容的展示。

图8-18　买家疑虑内容展示

● 营造购物紧迫感：营造紧迫感是指通过营造一种迫不及待、供不应求的"假象"来刺激买家，将买家的"心动"彻底转化为"行动"，从而促使买家产生最终的购物行为。营造紧迫感的方法很多，可通过限时促销、限量供应、限量秒杀、限量优惠等手段使买家产生紧迫感，但一定要注意强调名额的有限性。

按照以上思路来进行商品详情页内容的构思后，即可搭建起商品详情页的基本框架，它主要围绕商品的某些主题来展开描述，从不同的角度切入，如图8-19所示。

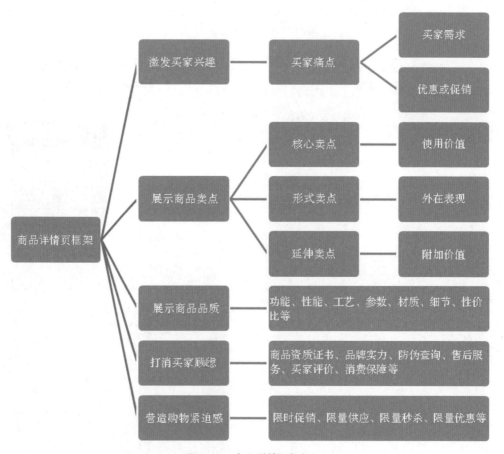

图8-19　商品详情页框架

8.2 服装服饰类网店设计

服装服饰类是ITMC考试中的一种题目类别，主要包括连衣裙、男士T恤、男士卫衣、牛仔裤、女士西裤等商品类型。下面将根据这一主题进行店标、店招、Banner、主图和详情页的制作，提高考生的实际操作能力。

↘ 8.2.1 店标设计

在考试中，店标设计主要指的是对店铺标识进行设计。学员需要先打开背景资料，在其中查看品牌名称，再进行设计。下面将分别对PC端店铺、移动端店铺、跨境端店铺的店标进行设计，其具体操作如下。

扫一扫

PC端店铺店标设计

1. PC端店铺店标设计

本考试中店铺的名称为"SisJuLy"，在设计时不但要体现店铺所售卖的商品，还需要对名称进行美化与展现。PC端店铺店标的尺寸为230像素×70像素，其具体设计步骤如下。

STEP 01 按【Ctrl+N】组合键，打开"新建"对话框，设置名称、宽度、高度和分辨率分别为"PC端店铺店标""230""70""72"，单击 确定 按钮，如图8-20所示。

STEP 02 在工具箱中选择横排文字工具，在图像编辑区中输入图8-21所示的文字。打开"字符"面板，设置字体为"华康海报体W12(P)"，调整字体大小、字距和位置，并单击"仿粗体"按钮。

图8-20　新建图像文件

图8-21　输入文字

STEP 03 打开"图层"面板，选择"SisJuly"图层，单击鼠标右键，在弹出的快捷菜单中选择"栅格化文字"命令，对文字进行栅格化操作，如图8-22所示。

STEP 04 在工具箱中选择多边形套索工具，框选"i"文字上方的点，使其生成选区，完成后按【Delete】键删除框选区域，如图8-23所示。

图8-22　栅格化文字

图8-23　绘制并删除选区

STEP 05 使用相同的方法，栅格化"从衣开始"图层，并框选文字的其他区域进行删除，完成后的效果如图8-24所示。

STEP 06 选择自定形状工具 ，在工具属性栏中设置填充颜色为"#e60012"，单击"形状"下拉按钮，在"形状"下拉列表中选择"皇冠5"选项，如图8-25所示。

图8-24　删除内容文字

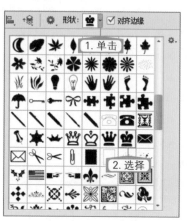

图8-25　选择形状

STEP 07 完成后在"i"文字上方绘制红色皇冠效果。选择椭圆工具 ，在工具属性栏中设置填充颜色为"#e60012"，在图8-26所示区域的上方绘制椭圆，并查看完成后的效果。

STEP 08 选择直线工具 ，在工具属性栏中设置填充颜色为"#ffffff"，在文字的上方绘制230像素×1像素的直线。使用相同的方法，在直线的下方再次绘制相同大小的直线，并查看完成后的效果，如图8-27所示。

图8-26　绘制皇冠和椭圆

图8-27　绘制直线

2. 移动端店铺店标设计

除了PC端店铺外，移动端店铺也需要制作店招，以便在首页中进行展现。下面将在PC端店铺店标的基础上制作移动端店铺店招，使效果更加统一，其具体操作如下。

STEP 01 打开"新建"对话框，设置名称、宽度、高度和分辨率分别为"移动端店铺店标""100""100""72"，单击 确定 按钮，如图8-28所示。

扫一扫

移动端店铺店标设计

STEP 02 将前景色设置为"#95aeb5"，按【Alt+Delete】组合键，填充前景色。打开"PC端店铺店标"，选择图像中的所有图层，将其拖动到新建的图像文件中，按【Ctrl+T】组合键，调整图像的大小和位置，如图8-29所示。

STEP 03 选择中间的直线，按【Delete】键，删除白色直线，效果如图8-30所示。

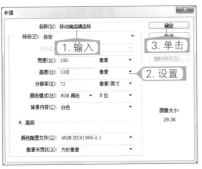

图8-28　新建图像文件

图8-29　调整图像大小和位置

图8-30　删除直线

STEP 04 在工具箱中选择直线工具，在文字的上方绘制100像素×1像素的直线。在工具箱中选择矩形工具，在直线的下方绘制100像素×4像素的矩形，效果如图8-31所示。

STEP 05 使用相同的方法，在文字的下方绘制直线和矩形，完成后的效果如图8-32所示。

图8-31　绘制直线和矩形　　　　　　　　　　图8-32　查看完成后的效果

3. 跨境端店铺店标设计

由于跨境端面向境外买家，因此制作时需要用英文进行展现。本例将根据店铺名称重新进行跨境端店铺店招的制作，使其符合考试的要求，其具体操作如下。

STEP 01 新建名称、宽度、高度和分辨率分别为"跨境端店铺店标""230""70""72"的图像文件。

STEP 02 选择矩形工具，在图像的中间区域绘制7个30像素×30像素的矩形，并设置填充颜色分别为"#95aeb5""#e60012""#626262""#fff100""#7d0000""#ea68a2""#a6937c"，如图8-33所示。

STEP 03 在工具箱中选择横排文字工具 T，在矩形中输入"S""i""S""J""U""I""y"文字。打开"字符"面板，设置字体为"华康海报体W12(P)"，调整字体大小、字距和位置，并单击"仿粗体"按钮 T，效果如图8-34所示。

图8-33　绘制矩形 | 图8-34　在矩形中输入文字

STEP 04 双击"S"所在图层，打开"图层样式"对话框，单击选中"投影"复选框，设置不透明度、距离和大小分别为"60""2""1"，单击 确定 按钮，如图8-35所示。

STEP 05 使用相同的方法，为"i""S""J""U""I""y"文字添加投影。

STEP 06 选择横排文字工具 T，在图像下方输入图8-36所示的文字。打开"字符"面板，设置字体为"Academy Engraved LET"，调整字体大小、字距和位置，并单击"加粗"按钮 T，查看完成后的效果，如图8-36所示。

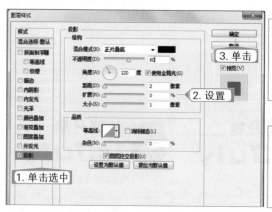

图8-35　设置投影参数 | 图8-36　查看完成后的效果

8.2.2　店招设计

在ITMC考试中，只有移动端店铺才需要设计店招，其他类型的店铺均不制作店招。在制作时，考生可先制作背景，再将完成后的店标拖动到店招中，使其保持统一，其具体操作如下。

STEP 01 新建名称、宽度、高度和分辨率分别为"移动端店铺店招""642""200""72"的图像文件。设置前景色为"#95aeb5"，按【Alt+Delete】组合键填充前景色，如图8-37所示。

STEP 02 新建图层，选择钢笔工具 ，设置前景色为"#6d8b93"，绘制图8-38所示的云朵形状，完成后按【Ctrl+Enter】组合键将形状转换为选区，再按【Alt+Delete】组合键填充前景色。

图8-37　填充前景色　　　　　　　　　　　　图8-38　绘制云朵形状

STEP 03 选择绘制后的云朵图层，按【Ctrl+J】组合键，将前景色设置为"#ffffff"，按住【Ctrl】键不放，单击复制后的云朵图层缩略图，将图层载入选区，再按【Alt+Delete】组合键填充前景色。按【Ctrl+T】组合键，调整云朵的大小和位置，如图8-39所示。

STEP 04 新建图层，选择钢笔工具 ，设置前景色为"#ffffff"，在图像上方绘制图8-40所示的云朵形状，完成后按【Ctrl+Enter】组合键将形状转换为选区，再按【Alt+Delete】组合键填充前景色。

图8-39　复制并填充云朵　　　　　　　　　　图8-40　绘制上方云朵形状

STEP 05 打开"跨境端店铺店标"图像文件，将其中的文字拖动到图像中，查看图像大小和位置，如图8-41所示。

STEP 06 由于"S"文字下的矩形与背景颜色相同，为了便于区分，可选择该图层，选择矩形工具 ，在工具属性栏中修改填充颜色为"#6d8b93"，完成店招的设置并查看完成后的效果，如图8-42所示。

图8-41　添加店标图像　　　　　　　　　　　图8-42　修改矩形颜色

经验之谈

　　在设计店招的过程中，考生可先确定店铺的主色调，方便后期的主图、Banner和详情页的设计。设计时输入的文字内容不要过多，否则显示不完整; 也不要过于烦琐，否则会造成时间浪费。为了美观，在设计时可直接使用店铺中提供的场景图片或纯色背景作为背景，再通过图像的简单绘制丰富背景的展现效果。文字内容则可直接使用店标中已经完成的效果，让整个效果美观、自然。

8.2.3 Banner设计

本小节将对服装服饰类中的男士T恤、男士卫衣、牛仔裤、女士西装类目进行PC端、移动端和跨境端的Banner设计，其具体操作如下。

1. 男士T恤Banner设计

本试题中提供素冷沉着风格的T恤。在Banner设计时，考生可先通过黑白色的渐变加深整个画面的沉稳度，再通过促销性文字体现出促销内容；画面则采用左图右文的形式进行展现，以加强画面的美观度和内容饱满度。下面将制作男士T恤PC端、移动端和跨境端3种形式的Banner，其具体操作如下。

（1）制作PC端男士T恤的Banner

STEP 01 新建名称、宽度、高度和分辨率分别为"PC端店铺男士T恤Banner""727""416""72"的图像文件。

STEP 02 新建图层，在工具箱中选择渐变工具▓，在工具属性栏中设置渐变样式为"黑，白渐变"。单击"菱形渐变"按钮▓，从左至右进行拖动，为图像编辑区添加渐变，效果如图8-43所示。

STEP 03 新建图层，选择钢笔工具▨，设置前景色为"#ffffff"，绘制图8-44所示的形状，完成后按【Ctrl+Enter】组合键将形状转换为选区，再按【Alt+Delete】组合键填充前景色。

图8-43　填充渐变色　　　　　　　　　　　图8-44　绘制形状

STEP 04 双击"图层2"图层，打开"图层样式"对话框，单击选中"图案叠加"复选框，设置不透明度、图案和缩放分别为"100""瓶贴—平滑""35"，单击█ 确定 █按钮，如图8-45所示。

STEP 05 返回图像编辑区，设置图层不透明度为"10%"，查看完成后的效果，如图8-46所示。

STEP 06 在工具箱中选择矩形工具▢，在图像的中间区域绘制727像素×40像素的矩形，并设置填充颜色为"#000000"，如图8-47所示。

STEP 07 打开"男士T恤 (7).jpg"图像文件，选择魔棒工具▨，在白色背景处单击选择白色背景，再按【Shift+Ctrl+I】组合键反向选区，使用移动工具▸+将T恤拖动到图像左侧，如图8-48所示。

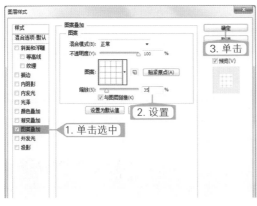

图8-45　设置图案叠加

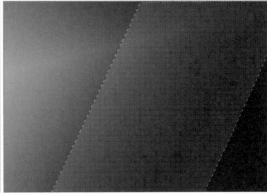

图8-46　修改不透明度

图8-47　绘制矩形

图8-48　添加T恤素材

STEP 08 使用横排文字工具 T ，输入图8-49所示的文字，并设置字体为"创艺简粗黑"，字体颜色为"#cccccc"，调整字体大小和位置。

STEP 09 选择"新品热卖"文字，将字体颜色修改为"#71cd05"；选择"￥80元"文字，将字体颜色修改为"#ff0000"；选择"点击购买>>"文字，将字体颜色修改为"#ffcc00"，完成PC端Banner的制作，效果如图8-50所示。

图8-49　输入文字

图8-50　修改文字颜色

（2）制作移动端男士T恤的Banner

移动端与PC端店铺的主要区别在于尺寸和要求的不同，移动端尺寸为608像素×304像素，且要求文字不要过多，展现主体内容即可。

STEP 01 新建大小为608像素×304像素、名为"移动端店铺男士T恤Banner"的图像文件。

STEP 02 为了迎合相同的买家群体，可使用PC端STEP 01～STEP 06的方法制作移动端男士T恤Banner的背景，完成后的效果如图8-51所示。

STEP 03 打开"男士T恤 (6).jpg"图像文件，选择魔棒工具，在白色背景处单击，选择白色背景，再按【Shift+Ctrl+I】组合键反向选区，使用移动工具将T恤拖动到图像右侧，如图8-52所示（为了对不同平台进行区分，可选择不同的图片进行效果的制作）。

图8-51　制作背景　　　　　　　　　　　图8-52　添加素材

STEP 04 使用横排文字工具输入图8-53所示的文字，并设置字体为"创艺简粗黑"，字体颜色为"#71cd05"，调整字体大小和位置。

STEP 05 选择"纯棉男T大降价 点击购买！！"文字，将字体颜色修改为"#ffcc00"；选择"热销价""￥""元"文字，将字体颜色修改为"#cccccc"；选择"T恤大促销！"文字，将字体修改为"方正剪纸简体"，完成移动端Banner的制作，效果如图8-54所示。

图8-53　输入文字　　　　　　　　　　　图8-54　修改文字颜色和字体

（3）制作跨境端男士T恤的Banner

移动端与跨境端店铺的主要区别在于尺寸和文字要求不同，跨境端尺寸为980像素×300像素，要求文字以英文进行展现。

STEP 01 新建大小为980像素×300像素、名为"跨境端店铺男士T恤Banner"的图像文件。

STEP 02 使用PC端STEP 01～STEP 06的方法制作跨境端男士T恤Banner的背景。

STEP 03 打开"男士T恤 (1).jpg""男士T恤 (5).jpg"图像文件，选择魔棒工具，在白色背景处单击，选择白色背景（注意界限不明确的区域，可减小容差进行选取），再按【Shift+Ctrl+I】

组合键反向选区，使用移动工具 将T恤拖动到图像右侧。选择右侧人物所在图层，将不透明度设置为"60%"，完成后的效果如图8-55所示。

图8-55　制作背景效果

STEP 04 在图像的左侧输入图8-56所示的文字，并设置字体为"创艺简粗黑"，调整字体大小、位置和颜色，完成完成后单击"全部大写字母"按钮 **TT**，使字母大写显示，完成跨境端Banner的制作。

图8-56　输入文字

2. 男士卫衣Banner设计

打开考题中提供的图片可发现，本次考题提供的素材是外景效果。在制作此类商品的Banner时，我们可以以原图作为背景，再通过说明性文字体现出商品内容，整个画面采用左图右文或左文右图的形式进行展现。下面将制作男士卫衣PC端、移动端和跨境端端3种形式的Banner，其具体操作如下。

（1）制作PC端男士卫衣的Banner

STEP 01 新建名称、宽度、高度分别为"PC端店铺男士卫衣Banner""727""416"的图像文件。

STEP 02 打开"男士卫衣 (7).jpg"图像文件，新建图层。选择钢笔工具 ，设置前景色为"#6d8b93"，绘制图8-57所示的形状，完成后按【Ctrl+Enter】组合键将形状转换为选区，再按【Alt+Delete】组合键填充前景色。

STEP 03 设置前景色为"#ffffff"，在工具箱中选择矩形工具 ，在图像的左侧绘制4个大小不同的矩形并进行排版，效果如图8-58所示。

图8-57　绘制形状并填充颜色

图8-58　绘制矩形

STEP 04 选择横排文字工具 T ，在白色矩形的右侧输入图8-59所示的文字，并设置"VIISHOW"和"2018年秋冬新款"的字体为"华文中宋"，再设置"￥138元"的字体为"华文新魏"，调整字体大小和位置。

STEP 05 选择矩形工具 □ ，在"2018年秋冬新款"文字下方绘制颜色为"#e64a4e"、大小为270像素×33像素的矩形，再在矩形中输入"休闲而不失风度 寻找不一样的美"文字，并设置字体为"华文新魏"，调整字体大小和位置，完成PC端男士卫衣的Banner制作，如图8-60所示。

图8-59　输入文字并调整字体

图8-60　绘制形状并输入文字

（2）制作移动端男士卫衣的Banner

STEP 01 新建大小为608像素×304像素、名为"移动端店铺男士卫衣Banner"的图像文件。

STEP 02 设置前景色为"#f1f0f5"，按【Alt+Delete】组合键填充前景色。打开"男士卫衣(5).jpg"图像文件，将其拖动到图像左侧，调整大小和位置，完成后的效果如图8-61所示。

STEP 03 打开"图层"面板，在"图层1"图层的下方单击"添加矢量蒙版"按钮 □ 。设置前景色为"#000000"，选择画笔工具 ✐ ，在图像右侧进行拖动，擦除多余部分，使整个图像过渡自然，如图8-62所示。

STEP 04 设置前景色为"#ffffff"，选择矩形工具 □ ，在图像的左侧绘制两个大小不同的矩形，并进行排版，效果如图8-63所示。

STEP 05 使用PC端STEP 04～STEP 05的方法输入Banner右侧的文字，完成移动端男士卫衣的Banner制作，如图8-64所示。

图8-61 添加素材

图8-62 添加图层蒙版

图8-63 绘制矩形

图8-64 输入文字

（3）制作跨境端男士卫衣的Banner

STEP 01 新建大小为980像素×300像素、名为"跨境端店铺男士卫衣Banner"的图像文件。

STEP 02 设置前景色为"#f1f0f5"，按【Alt+Delete】组合键填充前景色，打开"男士卫衣(6). jpg"图像文件，将其拖动到图像左侧，调整大小和位置。

STEP 03 使用移动端STEP 03～STEP 04的方法为人物添加蒙版，并在右侧绘制两个矩形，效果如图8-65所示。

图8-65 制作背景效果

STEP 04 选择横排文字工具 T ，在右侧区域输入图8-66所示的文字，并设置字体为"华文中宋"，完成后调整字体大小和位置。然后在"VIISHOW"文字下方绘制颜色为"#e64a4e"的矩形作为底色，完成跨境端男士卫衣的Banner制作。

图8-66　在右侧输入文字

3. 牛仔裤Banner设计

　　牛仔裤多以单条或是多条平铺进行展现，整个画面可采用实景照片与文字的搭配，或是通过背景的制作突显牛仔裤的方式进行展现。跨境端或移动端还可继续采用左图右文或左文右图的形式进行展现。下面将制作牛仔裤PC端、移动端和跨境端3种形式的Banner，其具体操作如下。

　　（1）制作PC端牛仔裤的Banner

STEP 01　新建名称、宽度、高度分别为"PC端店铺牛仔裤Banner""727""416"的图像文件。

STEP 02　打开"牛仔裤 (7).jpg"图像文件，将其拖动到图像中，调整图像大小和位置，完成后按【Ctrl+J】组合键复制图像，并将图像拖动到图像编辑区右侧，如图8-67所示。

STEP 03　打开"图层"面板，在"图层2"图层的下方单击"添加矢量蒙版"按钮 。设置前景色为"#000000"，选择画笔工具 ，在图像右侧进行拖动，擦除多余部分，使整个图像过渡自然，如图8-68所示。

图8-67　添加并复制图像　　　　　　　　图8-68　擦除多余区域

STEP 04　设置前景色为"#ffffff"，选择矩形工具 ，在图像的左侧绘制250像素×415像素的矩形，并设置不透明度为"80%"。

STEP 05　再次选择矩形工具 ，在白色矩形的上方绘制颜色为"#5b77a7"、大小为138像素×33像素的矩形。选择椭圆工具 ，在矩形的右下角绘制113像素×113像素的正圆，并设置填充色为"#5b77a7"，效果如图8-69所示。

STEP 06 选择横排文字工具 T，在矩形的上方输入图8-70所示的文字，设置字体为"华文中宋""华康海报体w12"，调整字体大小和位置，并设置字体颜色分别为"#ffffff""#5b77a7""#191a1a""#a7aeb2"，完成PC端牛仔裤Banner的制作。

图8-69 绘制形状

图8-70 输入文字

（2）制作移动端牛仔裤的Banner

STEP 01 新建大小为608像素×304像素、名为"移动端店铺牛仔裤Banner"的图像文件。打开"牛仔裤 (5).jpg"图像文件，使用钢笔工具 抠取牛仔裤形状，并将其拖动到图像右侧，完成后的效果如图8-71所示。

STEP 02 选择矩形工具 ，在图像左侧绘制颜色为"#eaeaea"、大小为226像素×304像素的矩形，如图8-72所示。

图8-71 添加素材

图8-72 绘制矩形

STEP 03 选择直线工具 ，设置描边选项为虚线，在矩形的左右两侧绘制虚线，并设置填充颜色为"#5b77a7"，如图8-73所示。

STEP 04 使用PC端STEP 05～STEP 06的方法绘制形状并输入文字，效果如图8-74所示，完成移动端牛仔裤Banner的制作。

图8-73 绘制虚线

图8-74 查看完成后的效果

（3）制作跨境端牛仔裤的Banner

STEP 01 新建大小为980像素×300像素、名为"跨境端店铺牛仔裤Banner"的图像文件。

STEP 02 使用移动端STEP 01~STEP 03的方法制作背景效果，效果如图8-75所示。

图8-75　制作背景效果

STEP 03 使用PC端STEP 05~STEP 06的方法绘制形状并输入文字，效果如图8-76所示，完成跨境端牛仔裤Banner的制作。

图8-76　查看完成后的效果

4. 女士西装Banner设计

女士西装不但需要体现女性的柔美，还要展现白领女性的干练。设计时，建议不要直接填满整个画面，而要进行左右排版。本例采用左文右图的形式，右侧为放大后的图片，左侧为文字，并通过矩形的装饰使整个画面美观、更具有质感。下面将制作女士西装PC端、移动端和跨境端3种形式的Banner，其具体操作如下。

扫一扫

女士西装Banner设计

（1）制作PC端女士西装的Banner

STEP 01 新建名称、宽度、高度分别为"PC端店铺女士西装Banner""727""416"的图像文件。

STEP 02 设置前景色为"#c0c1c0"，按【Alt+Delete】组合键填充前景色。打开"女士西装 (1).jpg"图像文件，将其拖动到图像中，调整图像大小和位置，如图8-77所示。

STEP 03 选择矩形工具▢，在图像左侧绘制大小为322像素×415像素的矩形，并设置填充颜色为"#909391"，完成后调整不透明度为"50%"。

STEP 04 再次选择矩形工具 ，在图像左侧绘制大小为286像素×377像素的矩形，并设置填充颜色为"#ffffff"，如图8-78所示。

图8-77　添加素材图像　　　　　　　　　图8-78　绘制矩形

STEP 05 选择横排文字工具 T，在左侧输入"g2000"文字，并设置字体为"Rage Italic"，字体颜色为"#536168"，完成后调整字体大小和位置。继续在文字下方输入"夏日小心机"文字，并设置字体为"方正正黑简体"。

STEP 06 选择直线工具 ，在"夏日小心机"文字的右侧绘制一条直线，使其与文字底部对齐，如图8-79所示。

STEP 07 新建图层，将前景色设置为"#9a5a5c"。选择钢笔工具 ，在文字的下方绘制图8-80所示的形状，按【Ctrl+Enter】组合键将路径转换为选区，再按【Alt+Delete】组合键填充前景色。

图8-79　输入文字并绘制直线　　　　　　图8-80　绘制形状并填充颜色

STEP 08 按【Ctrl+J】组合键复制图层，再按住【Ctrl】键不放，单击复制图层前的缩略图，载入选区。将前景色设置为"#c95a52"，按【Alt+Delete】组合键填充前景色，并向上进行拖动，使其形成投影效果。完成后在其上方输入文字，并设置字体为"方正正黑简体"，调整字体大小、位置和颜色，效果如图8-81所示，完成PC端女士西装Banner的制作。

（2）制作移动端女士西装的Banner

STEP 01 新建大小为608像素×304像素、名为"移动端店铺女士西装Banner"的图像文件。

STEP 02 使用PC端STEP 02～STEP 08的方法制作背景效果并输入文字，效果如图8-82所示，完成移动端女士西装Banner的制作。

图8-81　完成PC端女士西装Banner的制作　　　图8-82　完成移动端女士西装Banner的制作

（3）制作跨境端女士西装的Banner

STEP 01　新建大小为980像素×300像素、名为"跨境端店铺女士西装Banner"的图像文件。

STEP 02　设置前景色为"#c0c1c0"，按【Alt+Delete】组合键填充前景色。打开"女士西装(1). jpg"图像文件，将其拖动到图像中，调整图像大小和位置。

STEP 03　选择矩形工具▣，在图像中绘制大小为500像素×300像素、450像素×300像素的矩形，并设置填充颜色为"#a8a9a8"和"#ffffff"，完成后的效果如图8-83所示。

图8-83　制作女士西装Banner背景

STEP 04　使用PC端STEP 05～STEP 08相同的方法输入文字部分，效果如图8-84所示，完成跨境端女士西装Banner的制作。

图8-84　完成跨境端女士西装Banner的制作

↘ 8.2.4　主图设计

在ITMC考试的主图设计中，考生不但要求制作PC端、移动端和跨境端的不同效果，还要求使用赛项执委会提供的图片较好地反映出该商品的功能特点、对顾客的吸引力，保证图片有较好的清晰度，文字不能影响图片的整体美观、不能本末倒置，且保证效果美观、实用。下面将分别对不同端口的主图制作方法进行介绍。

1. 制作PC端连衣裙主图

ITMC考试要求考生制作4张尺寸为800像素×800像素的PC端主图。本例主要为连衣裙制作主图，其中第一张图片为促销内容的展现，其他图片则为连衣裙侧面的展现，不需要过多的制作。第一张图片采用上图下文的形式，中间区域为商品图片，下方为文字介绍，其中文字介绍主要通过矩形进行展现，其具体操作如下。

（1）制作PC端连衣裙首张主图

STEP 01 新建名称、宽度、高度分别为"PC端连衣裙首张主图""800""800"的图像文件。

STEP 02 打开"连衣裙 (3).jpg"图像文件，将其拖动到图像中，调整图像位置，如图8-85所示。

STEP 03 新建图层，选择矩形选框工具，在图像的底部绘制矩形，并填充为"#304c79"的颜色，如图8-86所示。

STEP 04 选择横排文字工具，在矩形上输入"------------------"文字作为虚线，并设置字体为"方正兰亭粗黑简体"，完成后调整字体大小、颜色和位置，如图8-87所示。

图8-85　添加图片　　　　　图8-86　绘制矩形　　　　　图8-87　绘制虚线

STEP 05 选择椭圆工具，在矩形的左侧绘制颜色为"#efea30"的正圆。双击绘制的正圆图层，打开"图层样式"对话框，单击选中"描边"复选框，并设置大小为"4"，单击 确定 按钮，如图8-88所示。

STEP 06 选择横排文字工具，在椭圆和矩形中输入图8-89所示的文字，并设置字体为"方正兰亭粗黑简体"，完成后调整字体大小、颜色和位置。

STEP 07 选择直线工具，在圆的右侧绘制一条直线。选择自定形状工具，在工具属性栏中设置形状为"箭头2"，填充颜色为"#efea30"，然后在"刺绣连衣裙"文字右侧绘制形状，如图8-90所示。

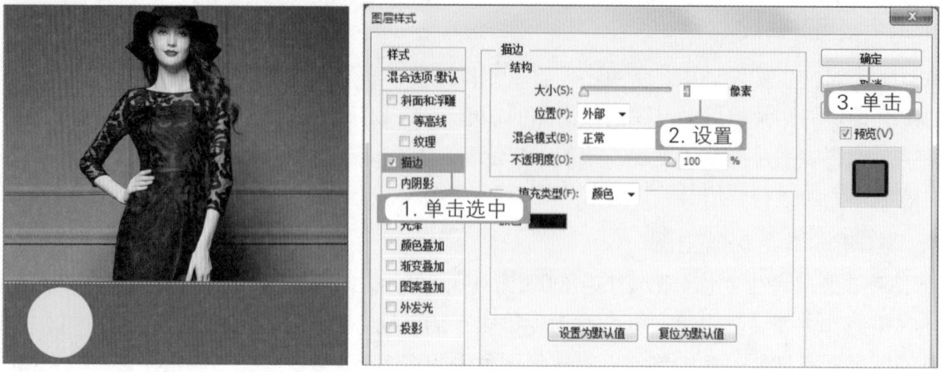

图8-88　绘制正圆并添加描边效果

STEP 08 新建图层，选择钢笔工具，在左上角绘制图8-91所示的形状，并填充为“#314d7a”的颜色。

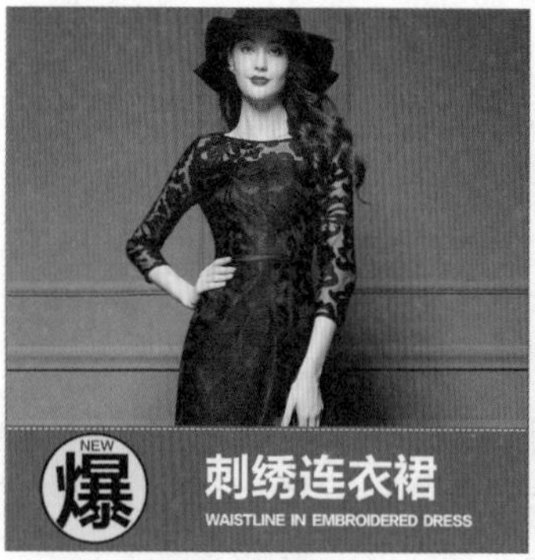

图8-89　输入文字

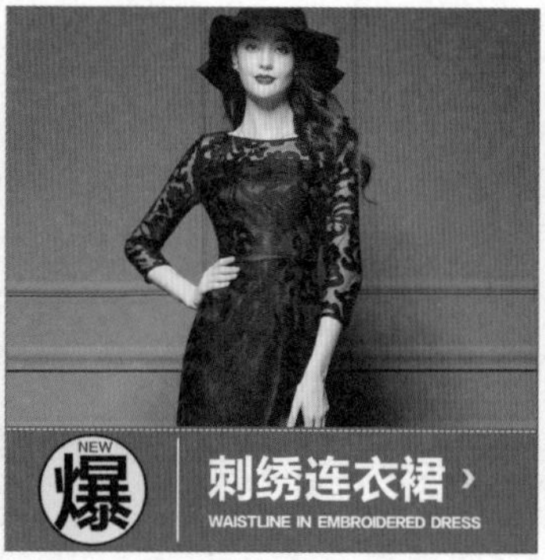

图8-90　绘制自定义形状

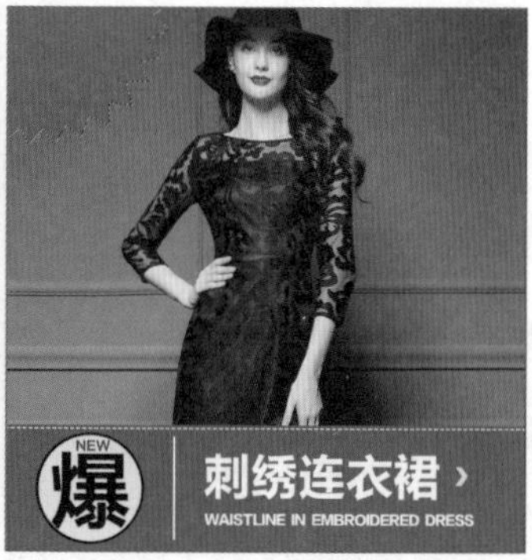

图8-91　绘制形状

STEP 09 双击绘制的形状图层，打开“图层样式”对话框，单击选中“投影”复选框，设置不透明度、距离和大小分别为“23”“7”“2”，单击 确定 按钮为形状添加投影，如图8-92所示。

STEP 10 选择横排文字工具，在形状中输入图8-93所示的文字，并设置字体为“方正兰亭粗黑简体”，完成后调整字体大小、颜色和位置，完成首张主图的制作。

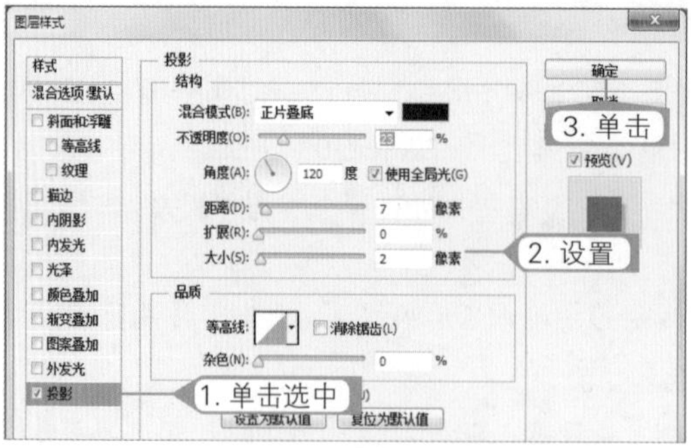

图8-92　设置投影参数

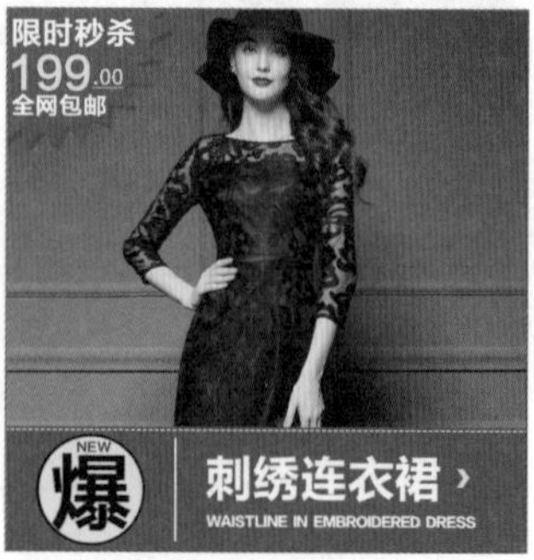

图8-93　输入文字

（2）制作PC端连衣裙其他主图

STEP 01 新建名称、宽度、高度分别为"PC端连衣裙第2张主图""800""800"的图像文件。打开"连衣裙 (4).jpg"图像文件，将其拖动到图像中，调整图像位置。选择横排文字工具 T，在图像的右上角输入"SisJuly"文字，并设置字体为"方正兰亭粗黑简体"，完成后调整字体大小、颜色和位置，如图8-94所示。

STEP 02 使用相同的方法，新建名为"PC端连衣裙第3张主图""PC端连衣裙第4张主图"图像文件，打开"连衣裙 (1).jpg""连衣裙 (8).jpg"图像文件，并输入"SisJuly"文字，完成并保存图像效果，如图8-95所示。

图8-94　制作第2张主图　　　　　　　图8-95　制作其他主图效果

2. 制作移动端连衣裙主图

ITMC考试要求考生制作4张尺寸为600像素×600像素的移动端主图。本例主要为连衣裙制作主图，在制作时采用左文右图的形式，将文字集中到左侧进行展现，其具体操作如下。

扫一扫

制作移动端连衣裙主图

（1）制作移动端连衣裙首张主图

STEP 01 新建名称、宽度、高度分别为"移动端连衣裙首张主图""600""600"的图像文件。

STEP 02 打开"连衣裙 (3).jpg"图像文件，将其拖动到图像中，并将图像向右进行拖动，使人物靠右显示，如图8-96所示。

STEP 03 按【Ctrl+J】组合键复制图像，再向左进行拖动，使其填满整个图像。选择复制后的图层，单击"添加矢量蒙版"按钮 ▣。设置前景色为"#000000"，选择画笔工具 ✐，在图像右侧进行拖动，擦除多余部分，使整个图像过渡自然，如图8-97所示。

STEP 04 选择横排文字工具 T，在图片的左侧输入图8-98所示的文字，并设置"SisJuly"的字体为"方正胖娃简体"，"199"的字体为"汉仪超粗宋简"，其他字体为"黑体"，完成后调整字体大小、颜色和位置。

STEP 05 选择矩形工具 ▣，在"新品特惠 限时抢购"文字下方绘制矩形，并设置填充颜色为"#24263b"。选择椭圆工具 ◯，在"199"文字下方绘制正圆作为底图，并设置为与矩形相同的颜色，效果如图8-99所示。

STEP 06 双击"SisJuly"图层，打开"图层样式"对话框，单击选中"内阴影"复选框，再单击选中"描边"复选框，设置大小和颜色分别为"2""#0000FF"，单击 确定 按钮，返回如图8-100所示。

图8-96　添加图片　　　　　图8-97　添加矢量蒙版　　　　　图8-98　输入文字

图8-99　绘制形状　　　　　图8-100　查看完成后的主图效果

（2）制作移动端连衣裙其他主图

STEP 01 新建名称、宽度、高度分别为"移动端连衣裙第2张主图""600""600"的图像文件。打开"连衣裙(4).jpg"图像文件，将其拖动到图像中，调整图像位置。选择横排文字工具 **T.**，在图片的右上角输入"SisJuly"文字，并设置字体为"方正兰亭粗黑简体"，完成后调整字体大小、颜色和位置，如图8-101所示。

STEP 02 使用相同的方法，新建名为"移动端连衣裙第3张主图""移动端连衣裙第4张主图"的图像文件。打开"连衣裙(1).jpg""连衣裙(8).jpg"图像文件，并输入"SisJuly"文字，完成并保存图像效果，如图8-102所示。

图8-101　制作第2张主图　　　　　图8-102　制作其他主图效果

3. 制作跨境端连衣裙主图

ITMC考试要求考生制作6张尺寸为800像素×800像素的跨境端主图。本例主要使用与前面相同的方法制作跨境端连衣裙主图，其具体操作如下。

扫一扫

制作跨境端连衣裙主图

（1）制作跨境端连衣裙首张主图

STEP 01 新建名称、宽度、高度分别为"跨境端连衣裙首张主图""800""800"的图像文件。

STEP 02 打开"连衣裙 (3).jpg"图像文件，使用移动端连衣裙主图的制作方法复制图像并添加矢量蒙版，完成后的效果如图8-103所示。

STEP 03 选择多边形工具 ，在工具属性栏中设置填充颜色为"#e1548f"，单击 按钮，在打开的下拉列表中单击选中"星形"复选框，并设置缩进边依据为"10%"，边为"24"，完成后在左下角绘制多边形，效果如图8-104所示。

STEP 04 选择横排文字工具 ，在多边形中输入"Promotion"和"$31.99"文字，并设置字体为"方正大黑简体"，完成后调整字体大小、颜色和位置，然后单击"全部大写字母"按钮 ，使文字呈大写显示，如图8-105所示。

图8-103　制作背景

图8-104　绘制多边形

图8-105　添加文字

STEP 05 双击"$31.99"图层，打开"图层样式"对话框，单击选中"投影"复选框，设置距离和大小分别为"3""2"，单击 确定 按钮，完成跨境端连衣裙首张主图制作，如图8-106所示。

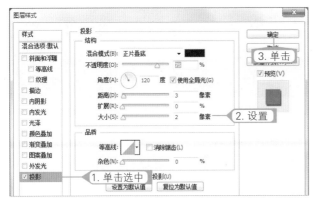

图8-106　设置投影参数

（2）制作跨境端连衣裙其他主图

STEP 01 使用与前面相同的方法，打开"连衣裙 (4).jpg""连衣裙 (1).jpg""连衣裙 (8).jpg"素材图像，制作第2、3、4张连衣裙主图，完成后的效果如图8-107所示。

图8-107　制作其他主图效果

STEP 02 新建名为"跨境端连衣裙第5张主图"的图像文件。打开"连衣裙 (10).jpg"素材图像，选择矩形选框工具▦，框选素材中的第二张图片，并选择移动工具▸◂，将其拖动到图像文件中，调整图像大小和位置，如图8-108所示。

STEP 03 选择横排文字工具▣，在图片的右上角输入"SisJuly"文字，并设置字体为"方正兰亭粗黑简体"，完成后调整字体大小、颜色和位置，如图8-109所示。

STEP 04 使用相同的方法，新建名为"跨境端连衣裙第6张主图"的图像文件。打开"连衣裙 (11).jpg"素材图像，选择矩形选框工具▦，框选素材中的第1张图片，并选择移动工具▸◂，将其拖动到图像文件中，调整图像大小和位置，再在其上方输入店铺名称，完成第6张主图的制作，如图8-110所示。

图8-108　添加素材效果　　　图8-109　完成第5张主图制作　　　图8-110　完成第6张主图制作

↘ 8.2.5　详情页设计

详情页的试题与主图是同一套类型商品。本例主要为连衣裙制作详情页，要求体现出商品信息（图片、文本或图文混排）、商品展示、促销信息、支付与配送信息、售后信息等内容，商品描述中还要体现出该商品的适用人群，及对该类人群有何种价值与优势；商品信息中允许加入以促销为目的的宣传用语，但不允许过分夸张。下面将分别介绍PC端、移动端、跨境端连衣裙详情页的制作方法。

1. 制作PC端连衣裙详情页

在ITMC考试中，在制作PC端连衣裙详情页时不但要体现商品内容，还要展现细节。在制作过程中，考生可先通过单张人物效果用于焦点图，再通过颜色展现、详细参数、细节展现、售后内容等进行详细展现，其具体操作如下。

STEP 01 新建名称、宽度、高度分别为"PC端连衣裙详情页""750""6050"的图像文件。

STEP 02 打开"连衣裙 (1).jpg"图像文件，将其拖动到图像中，调整大小和位置。选择矩形工具，在图像的中间区域绘制750像素×300像素的矩形，并设置矩形颜色为"#ffffff"，不透明度为"50%"，效果如图8-111所示。

STEP 03 选择横排文字工具，在矩形中输入图8-112所示的文字，并设置字体为"方正毡笔黑简体"，完成后调整字体大小、颜色和位置。

STEP 04 选择圆角矩形工具，在"重工刺绣连衣裙"文字周围绘制描边为"3点"的圆角矩形，完成焦点图的制作，效果如图8-113所示。

图8-111　绘制矩形　　　　　图8-112　输入文字　　　　　图8-113　绘制圆角矩形

STEP 05 选择矩形工具，在图像下方绘制750像素×100像素的矩形，并设置矩形颜色为"#030000"。选择横排文字工具，在矩形上输入"——— 颜色展现 ———"文字，并设置字体为"方正毡笔黑简体"，完成后调整字体大小、颜色和位置。

STEP 06 打开"连衣裙 (1).jpg""连衣裙 (4).jpg""连衣裙 (5).jpg"图像文件，将其拖动到图像中，调整大小和位置，如图8-114所示。

STEP 07 使用相同的方法，再次绘制矩形并在其上输入"——— 详细参数 ———"文字。选择矩形工具，在文字的下方绘制360像素×450像素的矩形，并设置矩形颜色为"#c9c9c9"。打开

"连衣裙 (3).jpg"图像文件，将其拖动到图像中，调整大小和位置，如图8-115所示。

图8-114　制作颜色展现效果　　　　图8-115　绘制矩形并添加图像

STEP 08　选择横排文字工具 T ，在图片右侧输入图8-116所示的文字，并设置左侧文字的字体为"方正正中黑简体"，右侧文字的字体为"方正正黑简体"，完成后调整字体大小、颜色和位置。选择直线工具 ╱ ，在文字的下方绘制虚线作为分隔。

STEP 09　使用相同的方法，再次绘制矩形并在其上输入"———— 细节展现 ————"文字。打开"连衣裙 (10).jpg"图像文件，将其拖动到图像中，调整大小和位置，如图8-117所示。

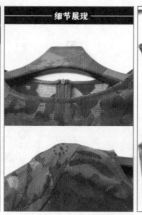

图8-116　输入文字　　　　　　　　图8-117　制作细节展现

STEP 10　选择矩形工具 ▭ ，在图像的下方绘制650像素×1910像素的矩形，并设置填充为"无"，描边颜色为"#ffffff"，描边粗细为"5点"，如图8-118所示。

STEP 11　使用相同的方法，再次绘制矩形并在其上输入"———— 评价与售后 ————"文字，选择矩形工具 ▭ ，在文字的下方绘制750像素×1090像素的矩形，并设置填充颜色为"#d2d2d2"。打开"中文评价.jpg"图像文件，将其拖动到图像中，调整大小和位置，如图8-119所示。

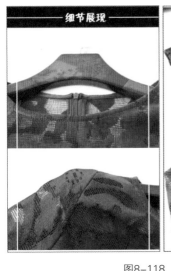

图8-118　绘制描边线框　　　　　　　　　图8-119　制作评价与售后

STEP 12 选择自定形状工具 🎨，在"评价与售后"文字的右下角绘制形状为"花1"、填充颜色为"#e60012"的形状。

STEP 13 选择横排文字工具 T，在形状的中间区域输入"好评大比拼！"文字，并设置文字的字体为"方正毡笔黑简体"，完成后调整字体大小、位置和颜色，如图8-120所示。

STEP 14 选择椭圆工具 ⬭，在详情页的最下方绘制描边颜色为"#445665"、描边粗细为"4像素"的正圆。

STEP 15 选择自定形状工具 🎨，在正圆的中间区域绘制形状为"标志6"、填充颜色为"#445665"的形状。再次选择自定形状工具 🎨，在标志形状的中间区域绘制形状为"复选标记"、填充颜色为"#ffffff"的形状，如图8-121所示。

STEP 16 选择横排文字工具 T，在形状的下方输入"正品保障"文字，并设置文字的字体为"思源黑体 CN"，完成后调整字体大小、位置和颜色，如图8-122所示。

图8-120　绘制自定形状并添加文字　　　图8-121　绘制形状　　　图8-122　输入文字

STEP 17 使用相同的方法，制作"安心售后""快速发货""无忧退货"形状效果，完成PC端详情页的制作，如图8-123所示。

图8-123　制作其他形状

经验之谈

　　在进行 PC 端详情页的制作时，考生可先制作整个界面，完成后再对其进行切片，使其满足系统对图像大小的要求。

2. 制作移动端连衣裙详情页

　　移动端连衣裙详情页要求宽度为480~620像素，高度不超过960像素。当在图像上添加文字时，建议中文字体大于等于30号字，英文和阿拉伯数字大于等于20号字。若添加的文字内容较多，建议使用纯文本的方式进行编辑。下面将对移动端连衣裙详情页的制作方法进行介绍，其具体操作如下。

STEP 01　新建名称、宽度、高度分别为"移动端连衣裙详情页""480""960"的图像文件。

STEP 02　选择矩形工具，在图像的中间区域绘制480像素×250像素的矩形，并设置矩形颜色为"#9f9fa0"。打开"连衣裙 (3).jpg"图像文件，将其拖动到图像中，调整大小和位置，如图8-124所示。完成后按【Ctrl+Alt+G】组合键创建剪贴蒙版。

STEP 03　新建图层，选择钢笔工具，在图像的左侧绘制图8-125所示的形状，将形状转换为选区并填充颜色为"#ffffff"。按【Ctrl+J】组合键复制图层，并向左进行移动，完成后将颜色修改为"#3d445f"。

图8-124　绘制矩形并添加图像

图8-125　绘制形状

STEP 04 选择横排文字工具 **T**，在左侧输入图8-126所示的文字，设置文字的字体为"汉仪粗黑简"，完成后调整字体大小、位置和颜色，并将"￥199"的字体修改为"汉仪润圆"。

STEP 05 选择自定形状工具 **，在图像的中间区域绘制形状为"红心形卡"、填充颜色为"#e71f19"的形状。

STEP 06 选择矩形工具 **□**，在"新品疯狂购"文字的下方绘制矩形，并设置矩形颜色为"#e71f19"。选择多边形工具 **，在工具属性栏中设置填充颜色为"#e71f19"，单击 **■** 按钮，在打开的下拉列表中单击选中"星形"复选框，并设置缩进边依据为"10%"，边为"24"，完成后在"￥199"文字下方绘制多边形作为底图，完成后的效果如图8-127所示。

图8-126　输入文字　　　　　　　　　　　　图8-127　绘制形状

STEP 07 双击"￥199"图层，打开"图层样式"对话框，单击选中"投影"复选框，设置不透明度、距离和大小分别为"50""3""1"，单击 确定 按钮，完成后的效果如图8-128所示。

图8-128　设置投影参数

STEP 08 选择矩形工具 **□**，在图像的下方绘制480像素×30像素的矩形，并设置矩形颜色为"#3d445f"。选择横排文字工具 **T**，输入"----------- 详细参数 -----------"文字，并设置文字的字体为"方正中倩简体"，完成后调整字体大小、位置和颜色，完成"详细参数"标题的制作。

STEP 09 选择矩形工具 **□**，在标题栏下方的左侧绘制205像素×290像素的矩形，并设置矩形颜色为"#c9c9c9"。打开"连衣裙 (4).jpg"图像文件，将其拖动到矩形上，调整大小和位置，如图8-129所示。

STEP 10 打开"连衣裙 (1).jpg"图像文件，将其拖动到图像的右下角，调整图像大小和位置。选

择【编辑】/【描边】菜单命令，打开"描边"对话框，设置描边宽度为"2像素"，再设置颜色
为"#ffffff"，完成后单击 确定 按钮，如图8-130所示。

图8-129　添加图像

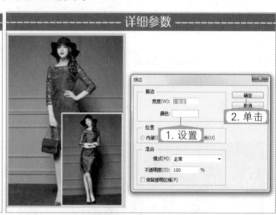

图8-130　添加其他图像并描边

STEP 11 选择横排文字工具 T，在图片的右侧输入图8-131所示的文字，并设置左侧文字的字体
为"方正正中黑简体"，右侧文字的字体为"方正正黑简体"，完成后调整字体大小、颜色和位
置。选择直线工具 ，在文字的下方绘制虚线作为分隔。

STEP 12 使用与前面相同的方法制作"细节展现"标题。完成后打开"连衣裙 (9).jpg""连衣裙
(10).jpg""连衣裙 (11).jpg"图像文件，将其拖动到标题的下方，如图8-132所示。

图8-131　输入详细参数内容

图8-132　添加细节展现图像

STEP 13 选择矩形工具 □，在图像的下方绘制100像素×310像素的矩形，并设置矩形颜色为
"#ffffff"，不透明度为"70%"。在矩形上再绘制60像素×270像素的矩形，调整矩形的位置，
如图8-133所示。

STEP 14 选择横排文字工具 T，在矩形中输入图8-134所示的文字，设置字体为"方正中倩简
体"，字体颜色为"#3d445f"，调整字体大小和位置。

图8-133　绘制两个矩形　　　　　　　图8-134　在矩形中输入文字

3. 制作跨境端连衣裙详情页

跨境端连衣裙详情页的尺寸要求与PC端相同，在制作时除了要求将中文转换为英文外，还要求对图像进行简单排版，同时注意整个英文和阿拉伯数字要大于等于20号字。下面将对跨境端连衣裙详情页的制作方法进行介绍，其具体操作如下。

制作跨境端连衣裙详情页

STEP 01 新建名称、宽度、高度分别为"跨境端连衣裙详情页""750""5700"的图像文件。

STEP 02 打开"连衣裙 (5).jpg"图像文件，将其拖动到图像中，调整大小和位置。

STEP 03 选择横排文字工具T，在图像的中间区域输入图8-135所示的文字，设置字体为"汉仪超粗宋简"，字体颜色为"#ffffff"，调整字体大小和位置，然后将"Embroidery"和"———Dress———"文字的不透明度修改为"80%"，完成后单击"全部大写字母"按钮TT，将文字大写显示。

STEP 04 选择圆角矩形工具◻，在"DIFFERENT DRESSES"文字上绘制570像素×50像素的矩形作为底色，并设置矩形颜色为"#e60012"，完成焦点图的制作。

STEP 05 选择矩形工具◻，在图像的下方绘制750像素×100像素的矩形，并设置矩形颜色为"#030000"。选择横排文字工具T，在矩形上输入"——— Color display ———"文字，并设置字体为"方正毡笔黑简体"，调整字体大小、颜色和位置，完成后单击"全部大写字母"按钮TT，将文字大写显示。

STEP 06 打开"连衣裙 (1).jpg""连衣裙 (4).jpg""连衣裙 (5).jpg"图像文件，将其拖动到图像中，调整大小和位置，如图8-136所示。

STEP 07 使用相同的方法再次绘制矩形并在其上输入"——— Detailed parameters ———"文字。选择矩形工具◻，在图像的下方绘制360像素×450像素的矩形，并设置矩形颜色为"#c9c9c9"。

STEP 08 打开"连衣裙 (3).jpg"图像文件，将其拖动到图像中，调整大小和位置，如图8-137所示。

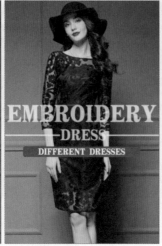

图8-135　制作焦点图　　　　　　　　　图8-136　制作颜色展示图

STEP 09 选择横排文字工具 T，在图像的右侧输入图8-138所示的文字，并设置左侧文字的字体为"方正正中黑简体"，右侧文字的字体为"方正正黑简体"，调整字体大小、颜色和位置。选择直线工具 ╱，在文字的下方绘制虚线作为分隔。

Product Name	Dress
Brand Name	SisJuly
Colour	Red/Black/Blue
Size	M、L、XL
Material	100% Polyester
Craft	Embroidery
Net Weight	350g
Waist	Mid Waist
Type	Floral Mesh

图8-137　绘制形状并添加图像　　　　　　图8-138　输入详细参数文字

STEP 10 使用相同的方法，制作"————— DETAILS SHOW —————"标题栏。打开"连衣裙（10）.jpg"图像文件，将其拖动到图像中，调整大小和位置。选择矩形工具 ▢，在图像的下方绘制650像素×1910像素的矩形，并设置填充为"无"，描边颜色为"#ffffff"，描边粗细为"5 点"，如图8-139所示。

STEP 11 使用相同的方法，再次制作"————— EVALUATION AND AFTER-SALE —————"标题栏。选择矩形工具 ▢，在文字的下方绘制750像素×790像素的矩形，并设置填充颜色为"#d2d2d2"。打开"英文评价.jpg"图像文件，将其拖动到图像中，调整大小和位置。

STEP 12 使用与前面相同的方法绘制"花1"形状，并填充颜色为"#e60012"。选择横排文字工具 T ，在形状的中间区域输入"Good reviews!"文字，并设置字体为"方正毡笔黑简体"，完成后调整字体大小、位置和颜色，如图8-140所示。

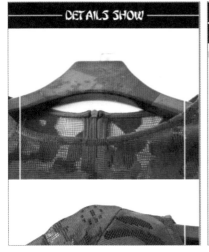

图8-139 制作细节图　　　　　　　　图8-140 添加英文评价图

STEP 13 选择矩形工具 □ ，在图像的下方绘制颜色为"#ffffff"、大小为750像素×250像素的矩形。

STEP 14 选择自定形状工具 <img> ，在矩形上绘制形状为"标志6"、填充颜色为"#445665"的形状。再次选择自定形状工具 <img> ，在标志形状的中间区域绘制形状为"复选标记"、填充颜色为"#ffffff"的形状。使用相同的方法绘制其他标志形状，完成后的效果如图8-141所示。

STEP 15 选择横排文字工具 T ，在形状的下方输入图8-142所示的文字，并设置字体为"思源黑体 CN"，完成后调整字体大小、位置和颜色。

图8-141 绘制形状　　　　　　　　图8-142 输入结尾文字

8.3　计算机配件类网店设计

计算机配件类是ITMC考试中的一种题目类别，主要包括iPad保护套、Macbook转换器、USB音响、鼠标、投影仪等商品。下面将根据这一主题，进行店标、店招、Banner、主图和详情页的制作。

8.3.1　店标设计

在ITMC考试中，学员需要先打开背景资料，查看品牌名称，再进行设计。下面将对鼠标的PC端、移动端、跨境端店标进行设计，其具体操作如下。

1. PC端店铺店标设计

本考试中的品牌名称为"Eaget"，在设计时不但要体现计算机配件的简洁高效特点，还要对名称进行美化与展现。本例将设计PC端店铺店标，其具体操作如下。

STEP 01 按【Ctrl+N】组合键，打开"新建"对话框，设置名称、宽度、高度和分辨率分别为"PC端店铺店标""230""70""72"，单击 确定 按钮，如图8-143所示。

STEP 02 选择横排文字工具 T ，在图像编辑区中输入图8-144所示的文字。打开"字符"面板，设置字体为"方正兰亭粗黑简体"，调整字体大小、字距和位置，并单击"仿斜体"按钮 T 。

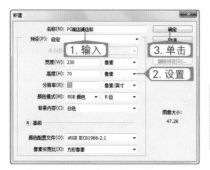

图8-143 新建图像文件　　　　　　　　　　图8-144 输入店标文字

STEP 03 选择椭圆工具 ◯ ，在"Ea"文字下方绘制圆，设置形状填充颜色为"#00b7ee"，取消描边，如图8-145所示。

STEP 04 将前景色设置为"#00b7ee"，选择魔棒工具 ，按住【Shift】键单击文本中封闭的区域创建选区，按【Alt+Delete】组合键填充选区，如图8-146所示。保存文件并另存为PNG格式，完成本例的制作。

图8-145 绘制圆　　　　　　　　　　　　图8-146 填充选区

2. 移动端店铺店标设计

本例将在PC端店铺店招的基础上制作移动端店铺店招，其具体操作如下。

STEP 01 打开"新建"对话框，设置名称、宽度、高度和分辨率分别为"移动端店铺店标""100""100""72"，单击 确定 按钮，如图8-147所示。

STEP 02 选择"PC端店铺店标"图像中除背景外的所有图层，将其拖动到新建的图像文件，按【Ctrl+T】组合键，调整图像的大小和位置，如图8-148所示。保存文件并另存为PNG格式，完成本例的制作。

图8-147 新建文件

图8-148 查看最终效果

3. 跨境端店铺店标设计

　　为了更加清晰地向境外买家展示与推广品牌，跨境端店铺将品牌名称进行简洁的罗列展示，使买家一目了然。本例为了配合PC端与移动端，将应用相同的字体与颜色，其具体操作如下。

STEP 01 新建名称、宽度、高度和分辨率分别为"跨境端店铺店标""230""70""72"的图像文件，复制"PC端店铺店标"中的文字，更改前两个字母的颜色为"#00b7ee"，删除字母中间的空格，更改字距为"50"，如图8-149所示。

STEP 02 选择椭圆工具◯，在文字右下角绘制小圆，设置形状填充颜色为"#00b7ee"，取消描边，如图8-150所示。保存文件并另存为PNG格式，完成本例的制作。

图8-149 新建文件并添加文字

图8-150 绘制装饰圆

↘ 8.3.2 店招设计

　　本例将选择一张具有计算机配件特色的鼠标图作为背景图，制作鼠标移动端店铺的店招。为了使制作的店招搭配移动端店铺店标，在设计颜色时，将采用白色、灰色、黑色与蓝色搭配使用，其具体操作如下。

STEP 01 新建名称、宽度、高度和分辨率分别为"移动端店铺店招""642""200""72"的图像文件。打开"鼠标(3).jpg"图像文件，使用矩形选框工具▢框选店招背景部分，如图8-151所示。

STEP 02 使用移动工具▸→将框选背景移动到新建的图像中，按【Ctrl+T】组合键，调整背景的大小和位置，使其符合店招尺寸，如图8-152所示。

图8-151　选择背景

图8-152　调整背景

STEP 03 选择横排文字工具 T，在图像编辑区中输入图8-153所示的文字，打开"字符"面板，设置第一排字体为"方正兰亭粗黑简体"，设置第二排字体为"方正兰亭黑简体"，调整字体颜色、字体大小、字距和位置。

STEP 04 添加移动端店铺店标到店招中，如图8-154所示。保存文件并另存为JPG格式，完成本例的制作。

图8-153　添加文字

图8-154　添加店标

8.3.3　Banner设计

本小节将对计算机配件类中的iPad保护套、Macbook转换器、USB音响、投影仪4种商品进行Banner设计，其具体操作如下。

1. iPad保护套Banner设计

本例将为ITMC提供的iPad保护套设计Banner，设计时以蓝色为基本色调，搭配白色，画面清新自然；通过矩形的排列与组合进行版式设计，并将iPad保护套的多种颜色罗列展示，增加商品的丰富性。下面将制作iPad保护套PC端、移动端和跨境端3种形式的Banner，其具体操作如下。

扫一扫

iPad保护套Banner设计

（1）制作iPad保护套PC端店铺Banner

STEP 01 新建名称、宽度、高度和分辨率分别为"iPad保护套PC端店铺Banner""727""416""72"的图像文件。

STEP 02 设置前景色为蓝色"#a7e6f9"，按【Alt+Delete】组合键填充前景色。选择矩形工具 ，在右侧绘制描边颜色为"白色"，描边粗细为"3点"的矩形，在矩形图层上单击鼠标右键，在弹出的快捷菜单中选择"栅格化图层"命令，使用橡皮擦工具 擦除左侧边的中段，如图8-155所示。

STEP 03 继续使用矩形工具 绘制背景中的其他矩形，并填充为白色和"#00b7ee"颜色。分别按【Ctrl+T】组合键，调整矩形的角度、大小和位置，效果如图8-156所示。

图8-155　填充渐变色

图8-156　绘制形状

STEP 04 打开"iPad 保护壳 (2).jpg"素材，选择魔棒工具，单击背景创建选区，按【Ctrl+Shift+I】组合键反选，为iPad保护套创建选区。拖动选区到新建的背景中，按【Ctrl+T】组合键，调整iPad保护套的大小和位置，效果如图8-157所示。

STEP 05 使用相同的方法添加其他的iPad保护套素材，并进行重叠排列，如图8-158所示。

图8-157　添加商品

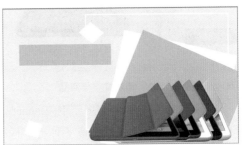

图8-158　重叠排列添加的商品

STEP 06 选择横排文字工具，在图像编辑区中输入图8-159所示的文字。打开"字符"面板，设置第1排、第5排、其他排字体分别为"方正兰亭细黑_GBK""Futura Md BT""方正兰亭黑简体"，调整字体大小、字距和位置。选择第1排文字，在"字符"面板中单击"仿斜体"按钮。

STEP 07 选择矩形工具，在"SHOP NOW"上绘制矩形作为底色，设置填充颜色为"#e03e3c"。选择钢笔工具，在文字右侧绘制白色三角形，如图8-160所示。保存文件完成本例的制作。

图8-159　添加文本

图8-160　添加图形修饰

（2）制作iPad保护套移动端店铺Banner

STEP 01 新建名称、宽度、高度和分辨率分别为"iPad保护套移动端店铺Banner""608"

"304" "72" 的图像文件。

STEP 02 设置前景色为 "#a7e6f9"，按【Alt+Delete】组合键填充前景色，拖动 "iPad保护套PC端店铺Banner" 图像中的红色iPad保护套、"iPad智能机箱" "多种颜色随心选" 到该图像中，增大 "多种颜色随心选" 的字号，进行左文右图排列，如图8-161所示。在文本下方输入 "立即购买" 文字，在文字下方绘制颜色为 "#e03e3c" 的矩形。

STEP 03 选择椭圆工具，按住【Shift】键在红色iPad保护套下方绘制颜色为 "#e03e3c" 的圆。按6次【Ctrl+J】组合键复制6个圆，调整各个圆的位置，使其均匀排列成一排，位于iPad保护套下方，根据提供的iPad保护套颜色 "#e03e3c" "#cbbda3" "#413d3a" "#d59861" "#5b94cb" "#2e5fae" "#424b68" 分别填充各个圆，如图8-162所示。保存文件完成本例的制作。

图8-161　添加文字与商品　　　　　　　图8-162　绘制圆

（3）制作iPad保护套跨境端店铺Banner

STEP 01 新建名称、宽度、高度和分辨率分别为 "iPad保护套跨境端店铺Banner" "980" "300" "72" 的图像文件。

STEP 02 选择钢笔工具，在画面左侧绘制图形，设置填充颜色为 "#a7e6f9"；拖动 "iPad保护套PC端店铺Banner" 图像中的蓝色iPad保护套到蓝色图形上；打开 "iPad 保护套 (5).jpg" 素材，按【Ctrl+A】组合键为iPad保护套创建选区，拖动选区到背景右侧，按【Ctrl+T】组合键，调整大小和位置，如图8-163所示。

STEP 03 选择横排文字工具，在图像编辑区中间空白位置输入图8-164所示的文字。打开 "字符" 面板，设置第1排、第2排、第3排、第4排字体分别为 "Aparajita" "Mangal" "Arial" "Mangal"，调整字体大小和位置。分别选择第2、3、4排文字，在 "字符" 面板中单击 "仿粗体" 按钮；将第1排文字颜色设置为黑色，第2排文字颜色设置为 "#5891c8"，第3排文字颜色设置为灰色。

图8-163　添加商品　　　　　　　　　　图8-164　输入文字并设置颜色

STEP 04 使用矩形工具在第4排文本上绘制颜色为 "#5891c8" 的矩形作为底图，更改文字颜色为白色。选择直线工具，设置填充颜色为 "#5891c8"，粗细为5像素，取消描边，在文本附近绘制两条斜线。使用相同的方法在第1排文本下方绘制粗细为2像素的黑色直线，效果如图8-165所示。

图8-165 查看效果

2. Macbook转换器Banner设计

本例将为ITMC提供的Macbook转换器设计Banner，整个画面采用左图右文或左文右图的形式进行展现，根据PC端、移动端和跨境端的Banner特征布局画面，整体以蓝色、白色、灰色、商品的颜色进行设计，其具体操作如下。

（1）制作Macbook转换器PC端店铺Banner

STEP 01 新建名称、宽度、高度和分辨率分别为"Macbook转换器PC端店铺Banner""727""416""72"的图像文件。

STEP 02 打开"Macbook转换器(1).jpg"图像文件，选择魔棒工具 ，单击白色背景创建选区，按【Alt】键进行选区的修改，按【Ctrl+Shift+I】组合键反选，为Macbook转换器创建选区，拖动选区到新建的背景中，按【Ctrl+T】组合键，调整Macbook转换器的大小和位置，如图8-166所示。

STEP 03 选择钢笔工具 ，在左上角绘制形状，在属性栏中设置填充颜色为"#00b7ee"，取消描边。在形状图层上输入"康夫"，设置字体为"方正兰亭黑简体"，调整字体大小、字距和位置，效果如图8-167所示。

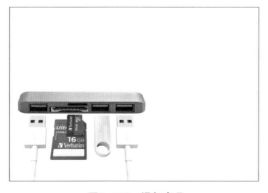

图8-166 添加商品

图8-167 添加品牌标签

STEP 04 选择横排文字工具 ，在图像编辑区中输入图8-168所示的文字。打开"字符"面板，设置第1排、第2排字体分别为"方正兰亭黑简体""方正兰亭纤黑简体"，调整字体大小、字距和位置。选择第1排文本，在"字符"面板中单击"仿粗体"按钮 **T**。

STEP 05 拖动"iPad保护套PC端店铺Banner"图像文件中与价格相关的文字与元素到图像中，修改价格与"RMB"的颜色为黑色，如图8-169所示。保存文件完成本例的制作。

图8-168 添加文本　　　　　　　　　　　　　　图8-169 添加价格

（2）制作Macbook转换器移动端店铺Banner

STEP 01 新建名称、宽度、高度和分辨率分别为"Macbook转换器移动端店铺Banner""608""304""72"的图像文件。

STEP 02 选择渐变工具 **▣**，在工具属性栏中设置线性渐变色为"#d7c2ad"到"#ffffff"到"#e2e2e2"，从左上角向右下角拖动创建线性渐变背景，如图8-170所示。

STEP 03 打开"Macbook 转换器 (5).jpg"图像文件，按【Ctrl+A】组合键为Macbook 转换器创建选区，拖动选区到背景右侧，按【Ctrl+T】组合键，向右侧拖动左边边线进行水平翻转，继续调整大小和位置，效果如图8-171所示。

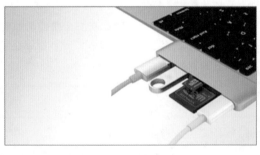

图8-170 创建线性渐变背景　　　　　　　　　　图8-171 添加商品

STEP 04 选择横排文字工具 **T**，在图像编辑区中输入图8-172所示的文字。打开"字符"面板，设置第1排、第2排字体分别为"方正兰亭黑简体""方正兰亭纤黑简体"，调整字体大小和位置。选择第1排文字，在"字符"面板中单击"仿粗体"按钮 **T**。

STEP 05 继续输入"开新价：89元""立即抢购>"文本，设置字体为"方正兰亭简体"、字号为"30"，设置"开新价：89元"的文字颜色为"#e03e3c"，增大"89"文字字号，更改字体为"Futura Md BT"。在"立即抢购>"文字上绘制颜色为"#e03e3c"的矩形，将文字颜色设置为白色，效果如图8-173所示。保存文件完成本例的制作。

图8-172　添加文字　　　　　　　　　图8-173　输入促销文字

（3）制作Macbook转换器跨境端店铺Banner

STEP 01　新建名称、宽度、高度和分辨率分别为"Macbook转换器跨境端店铺Banner""980""300""72"的图像文件。

STEP 02　设置前景色为"#f0f0f0"，按【Alt+Delete】组合键填充背景。打开"Macbook 转换器 (4).jpg"图像文件，按【Ctrl+A】组合键创建选区，使用移动工具 拖动选区到背景右侧，按【Ctrl+T】组合键，调整大小和位置，如图8-174所示。

STEP 03　选择横排文字工具 ，在Macbook 转换器左侧输入图8-175所示的文字。打开"字符"面板，设置第1排、第2排、第3~4排、第5排字体分别为"Aparajita""Mangal""Corbel""Aparajita"，调整字号与位置。选择第2排文字，在"字符"面板中单击"仿粗体"按钮 ；将第1排文字颜色设置为黑色，在下方绘制黑色线条。设置第2排文字颜色为"#00b5eb"、第3~4排文字颜色为"#5f5f5f"，在第5排文字上绘制颜色为"#00b5eb"的矩形作为底色，更改文字颜色为白色。

图8-174　添加商品　　　　　　　　　图8-175　输入文案

STEP 04　选择钢笔工具 ，在背景中绘制装饰的矩形条和三角形，在工具属性栏中设置填充颜色为"#00b5eb""#a8e729"，取消描边，效果如图8-176所示。保存文件完成本例的制作。

图8-176　查看效果

3. USB音响Banner设计

USB音响可以使计算机外放的声音更清晰、洪亮。在设计音响的文案时除了突出音质效果佳、声音大等卖点外，还可加入其小巧易携带等优点。本例将为ITMC提供的USB音响设计Banner，下面将制作USB音响PC端、移动端和跨境端3种形式的Banner，其具体操作如下。

（1）制作USB音响PC端店铺Banner

STEP 01 新建名称、宽度、高度和分辨率分别为"USB音响PC端店铺Banner""727""416""72"的图像文件。打开"USB音响(7).jpg"图像文件，按【Ctrl+A】组合键创建选区，拖动选区到新建的背景中，按【Ctrl+T】组合键，调整大小和位置。打开"USB音响(2).jpg"图像文件，选择钢笔工具 ，设置绘图模式为"路径"，沿着USB音响边缘绘制路径，按【Ctrl+Enter】组合键转换为选区，反选选区，拖动选区到图像左下角，如图8-177所示。

STEP 02 选择圆角矩形工具 ，在右下角绘制圆角矩形，调整圆角半径值，设置描边粗细为"3"、描边颜色为"黑色"，在其上输入音响卖点文案，设置字体为"方正兰亭黑简体"，单击"仿粗体"按钮 ，调整字体大小和位置；拖动"iPad保护套PC端店铺Banner"图像文件中与价格相关的文字与元素到图像中，修改价格、文本颜色、矩形颜色，使其适应该图像，效果如图8-178所示。

图8-177 添加商品

图8-178 添加文字

STEP 03 双击价格图层，在打开的对话框中单击选中"描边"复选框，设置描边大小为"2"、描边颜色为黑色，单击 确定 按钮进行价格描边，如图8-179所示。

STEP 04 选择矩形工具 ，在左上角绘制矩形，在工具属性栏中设置填充颜色为"#00b7ee"，取消描边，在形状图层上输入品牌名称，设置字体为"方正兰亭黑简体"，调整字体颜色、大小和位置，如图8-180所示。保存文件完成本例的制作。

图8-179 添加描边

图8-180 查看效果

（2）制作USB音响移动端店铺Banner

STEP 01 新建名称、宽度、高度和分辨率分别为"USB音响移动端店铺Banner""608""304""72"的图像文件。

STEP 02 选择钢笔工具 ，在背景中绘制装饰的图形，在工具属性栏中设置填充颜色为"#5891c8"，取消描边，如图8-181所示。

STEP 03 选择椭圆工具 ，按住【Shift】键绘制圆，设置填充颜色为"#00b7ee"，按3次【Ctrl+J】组合键复制3个圆，调整各个圆的位置与大小，选择各个圆所在的图层，在"图层"面板中设置图层的不透明度，制作明暗不一的圆形装饰，如图8-182所示。

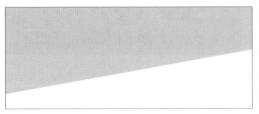

图8-181　添加图形　　　　　　　　　　　　　　图8-182　绘制圆

STEP 04 打开"USB音响 (3).jpg"图像文件，选择魔棒工具 ，按【Shift】键依次单击背景中的白色区域创建选区，按【Ctrl+Shift+I】组合键反选，为音响创建选区，拖动选区到新建的图层右侧，按【Ctrl+T】组合键，调整音响的大小和位置，效果如图8-183所示。

STEP 05 选择横排文字工具 ，在图像编辑区中输入图8-184所示的文字，分别设置文字颜色为白色和"#00b7ee"，调整字体大小与位置，打开"字符"面板，设置"小身材"字体为"方正兰亭中黑简体"，单击"仿粗体"按钮 ；设置"大能量"字体为"方正兰亭纤黑简体"；设置"USB/迷你小音响"字体为"方正兰亭黑简体"。选择矩形工具 ，在文字上绘制白色矩形作为底色；输入"立即抢购＞＞"，设置字体为"方正兰亭黑简体"，单击"下划线"按钮 。保存文件完成本例的制作。

图8-183　添加商品　　　　　　　　　　　　　　图8-184　绘制圆

（3）制作USB音响跨境端店铺Banner

STEP 01 新建名称、宽度、高度和分辨率分别为"USB音响跨境端店铺Banncr""980""300""72"的图像文件。

STEP 02 设置前景色为"#05325a"，按【Alt+Delete】组合键填充前景色。打开"USB音响 (3).jpg"图像文件，将抠取后的图像拖动到图形左侧，调整图形大小和位置。

STEP 03 双击音响图层，打开"图层样式"对话框。单击选中"外发光"复选框，在右侧设置渐变颜色为"#70c4ef"到透明渐变，并设置大小为"40"，单击 确定 按钮，效果如图8-185所示。

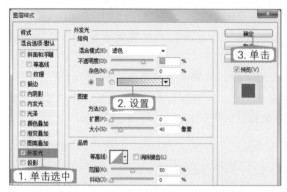

图8-185　添加商品并为商品添加外发光效果

STEP 04 选择横排文字工具 T，在图像右侧输入图8-186所示的文字。打开"字符"面板，设置第1排字体为"Aparajita"，调整字体颜色、字体大小、字距和位置；设置第2排字体为"Copperplate Cothic Bold"，调整字体颜色、字体大小、字距和位置，并单击"仿粗体"按钮 T，对文字加粗显示。

STEP 05 选择直线工具 ╱，在"DEERBROOK"文字的两侧绘制直线。保存文件完成本例的制作。

图8-186　查看效果

4. 投影仪Banner设计

本例将为ITMC提供的投影仪设计Banner，制作时在图像右侧展示场景图，左侧添加投影仪与促销文字，并设置为蓝色背景，不仅突出画面的重点，还能与场景图相互点缀，美化画面。下面将制作投影仪PC端、移动端和跨境端3种形式的Banner，其具体操作如下。

（1）制作投影仪PC端店铺Banner

STEP 01 新建名称、宽度、高度和分辨率分别为"投影仪PC端店铺Banner""727""416""72"的图像文件。

STEP 02 打开"投影仪(7)"图像文件，按【Ctrl+A】组合键创建选区，拖动选区到新建的图像右侧，按【Ctrl+T】组合键，调整大小和位置，如图8-187所示。

STEP 03 使用矩形工具▣在图像左侧绘制填充颜色为"#202673"的矩形,选择矩形图层,按【Ctrl+J】组合键复制矩形,选择复制的矩形,在工具属性栏中取消填充,设置描边为"2",描边颜色为"#f3d351",按【Ctrl+T】组合键调整大小与位置;打开"投影仪(2)"图像文件,选择钢笔工具✐,设置绘图模式为"路径",沿着投影仪边缘绘制路径,按【Ctrl+Enter】组合键转换为选区,反选选区并拖动选区到蓝色矩形底部,按【Ctrl+T】组合键调整大小与位置,效果如图8-188所示。

图8-187 添加场景图 图8-188 添加商品

STEP 04 选择横排文字工具▣,在图像编辑区中输入图8-189所示的文字。打开"字符"面板,设置第1排、第2排字体分别为"方正兰亭黑简体""方正兰亭纤黑简体",调整字体颜色、字体大小、字距和位置,选择第1排文字,在"字符"面板中单击"仿粗体"按钮▣;使用矩形工具▣在第1排文字上绘制填充颜色为"#e03e3c"的矩形作为底色。

STEP 05 拖动"iPad保护套PC端店铺Banner"图像文件中与价格相关的文字与元素到图像中,修改价格为"3099",修改价格颜色为"#f3d351",如图8-190所示。保存文件完成本例的制作。

图8-189 添加促销文本 图8-190 添加价格

（2）制作投影仪移动端店铺Banner

STEP 01 新建名称、宽度、高度和分辨率分别为"投影仪移动端店铺Banner""608""304""72"的图像文件。

STEP 02 设置前景色为"#ccd9ef",按【Alt+Delete】组合键填充前景色,选择矩形工具▣,在图像右侧绘制大小为176像素×305像素的矩形,并设置填充颜色为"#95b2dd"。按【Ctrl+T】组合键,对图像进行变换操作,单击鼠标右键,在弹出的快捷菜单中选择"斜切"命令,拖动四周的角点,使其倾斜显示,完成后的效果如图8-191所示。

STEP 03 选择直线工具 ，在矩形两侧绘制颜色为 "#95b2dd" 的斜线，效果如图8-192所示。

图8-191 绘制矩形

图8-192 绘制斜线

STEP 04 选择椭圆工具 ，设置填充颜色为 "#95b2dd"，按住【Shift】键不放，在直线的两侧绘制大小不同的正圆，效果如图8-193所示。

STEP 05 打开 "投影仪(2)" 图像文件，选择魔棒工具 ，按住【Shift】键依次单击背景中的白色区域创建选区，按【Ctrl+Shift+I】组合键反选，为投影仪创建选区，拖动选区到新建的图层右侧，按【Ctrl+T】组合键，调整投影仪的大小和位置。

STEP 06 按【Ctrl+J】组合键，复制图层，再按【Ctrl+T】组合键对图像进行变形，在图像上单击鼠标右键，在弹出的快捷菜单中选择 "垂直翻转" 命令，对复制的图像垂直翻转，再设置不透明度为 "20%"，并将该图层移动到原投影仪图层的下方，完成投影的制作，效果如图8-194所示。

图8-193 绘制正圆

图8-194 制作投影

STEP 07 选择 "图层1" 图层，按【Ctrl+J】组合键复制图层，设置图层混合模式为 "滤色"，再设置不透明度为 "50%"，效果如图8-195所示。

STEP 08 选择横排文字工具 ，在图像编辑区中输入图8-196所示的文字。打开 "字符" 面板，设置第1排、第2排、第3排字体为 "微软雅黑"，调整字体颜色、字体大小、字距和位置；设置其他文字的字体为 "汉仪方叠体简"，调整字体颜色、字体大小、字距和位置。保存文件完成本例的制作。

图8-195 添加图层混合模式

图8-196 输入文字

（3）制作投影仪跨境端店铺Banner

STEP 01　新建名称、宽度、高度和分辨率分别为"投影仪跨境端店铺Banner""980""300""72"的图像文件。

STEP 02　设置前景色为"#ccd9ef"，按【Alt+Delete】组合键填充前景色。新建图层，选择钢笔工具 ，绘制图8-197所示的形状，分别设置填充色为"#95b2dd""#eacc53""#c0bfbe"。

图8-197　制作背景效果

STEP 03　打开"投影仪(1)"图像文件，选择魔棒工具 ，按住【Shift】键依次单击背景中的白色区域创建选区，按【Ctrl+Shift+I】组合键反选，为投影仪创建选区，拖动选区到新建的图层右侧，按【Ctrl+T】组合键，调整投影仪的大小和位置，如图8-198所示。

STEP 04　双击投影仪图层，打开"图层样式"对话框，单击选中"投影"复选框，设置不透明度、距离和大小分别为"60""14""15"，单击　确定　按钮，如图8-199所示。

图8-198　添加投影仪素材

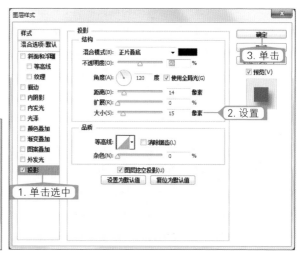

图8-199　设置投影参数

STEP 05　选择横排文字工具 ，在图像编辑区中输入图8-200所示的文字。打开"字符"面板，设置第1排、第2排、第3排字体为"微软雅黑"，调整字体颜色、字体大小、字距和位置。设置其他文字的字体为"汉仪方叠体简"，调整字体大小、字距和位置，设置字体颜色分别为

"#da7d1a" "#ffffff" "#2a4076"。

STEP 06 选择椭圆工具 ⚫，设置填充颜色为"#95b2dd"，按住【Shift】键不放，在"$"文字的左侧绘制正圆。保存文件完成本例的制作。

图8-200 制作背景效果

↘ 8.3.4 主图设计

本例将为ITMC提供的鼠标设计主图。鼠标是计算机不可缺少的、使用频率较高、更换频次较大的配件。在制作鼠标的主图时需要先分析鼠标的卖点，然后突出展示以吸引买家点击。下面将分别制作鼠标PC端、移动端、跨境端主图。

1. 制作鼠标PC端主图

当商品积攒了大量的销量和好评，这无疑是强有力的卖点，将文字好评的点突出放大，利用可靠的论证数据和事实来揭示商品的特点，从而提高点击率。本例将通过"累计销量突破30万"来制作鼠标PC端主图，制作时会根据鼠标素材的外形特征进行版面与字体设计，由于鼠标竖向排列，采用左文右图版式可以很好地展示商品和文字，对字体、字号进行组合设计，添加蓝色与红色底纹突出文字并点缀页面，其具体操作如下。

（1）制作鼠标PC端首张主图

STEP 01 按【Ctrl+N】组合键新建名称、宽度、高度和分辨率分别为"PC端店铺鼠标首张主图""800""800""72"的图像文件，单击 **确定** 按钮，如图8-201所示。

STEP 02 选择渐变工具 ⬛，在工具属性栏中设置渐变颜色为"#ffffff"到"#a5a5a5"的渐变，单击"径向渐变"按钮 ⬛，从中心向外边缘进行拖动，为图像编辑区添加渐变，如图8-202所示。

STEP 03 打开"鼠标(10).jpg"图像文件，选择魔棒工具 🪄，按住【Shift】键依次单击背景中的白色区域创建选区，按【Ctrl+Shift+I】组合键反选，为投影仪创建选区，拖动选区到新建的图层左侧，按【Ctrl+T】组合键调整大小与位置，如图8-203所示。

STEP 04 选择横排文字工具 T，在图像编辑区中输入图8-204所示的文字。打开"字符"面板，设置第1排与第5排的字体为"方正兰亭准黑_GBK"，第2排与第3排的字体为"方正兰亭特黑K"，第4排的字体为"方正兰亭细黑_GBK"，调整字体大小、字距和位置。

图8-201　新建文件　　　　　图8-202　创建渐变　　　　　图8-203　添加主图商品

STEP 05 选择矩形工具　，在"30万"下方新建矩形，设置填充颜色为"#174485"，并更改文字颜色为白色。

STEP 06 选择多边形工具　，在"拍下19.9"文字上绘制边数为"24"的多边形作为底色，设置填充颜色为"#ff0000"，如图8-205所示。

STEP 07 选择"拍下19.9"文字，将文字颜色修改为白色。打开"字符"面板，单击"仿粗体"按钮　，对文字加粗显示，完成首张主图的制作，效果如图8-206所示。

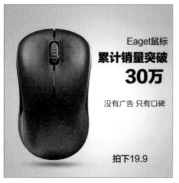

图8-204　添加文字　　　　　图8-205　绘制多边形　　　　　图8-206　查看效果

（2）制作鼠标PC端其他主图

STEP 01 新建名称、宽度、高度分别为"PC端鼠标2张主图""800""800"的图像文件。打开"鼠标 (1).jpg"图像文件，将其拖动到图像中，调整图像位置，选择横排文字工具　，选择矩形工具　，在图片的左上角绘制大小为180像素×60像素的矩形，并设置填充颜色为"#00b7ee"。在矩形上输入"Eaget"文字，并设置字体为"方正兰亭粗黑简体"，调整字体大小、颜色和位置，并单击"仿斜体"按钮　，使文字倾斜显示，如图8-207所示。

STEP 02 使用相同的方法，新建名为"PC端鼠标3张主图""PC端鼠标4张主图"图像文件。打开"鼠标 (7).jpg""鼠标 (11).jpg"图像文件，绘制矩形并输入"Eaget"文字，完成后保存图像，效果如图8-208所示。

图8-207 制作第2张主图　　　　　　图8-208 制作鼠标PC端其他主图效果

2. 制作鼠标移动端主图

当鼠标在价格上很占优势时，利用买家希望"物美价廉"的心理，可以以超低折扣、秒杀、清仓等营销手段来吸引大量买家，从而提高点击率。本例将通过限时秒杀价来制作鼠标的移动端主图，其具体操作如下。

（1）制作鼠标移动端首张主图

STEP 01 按【Ctrl+N】组合键新建名称、宽度、高度和分辨率分别为"移动端鼠标首张主图""600""600""72"的图像文件，单击 **确定** 按钮，如图8-209所示。

STEP 02 将前景色设置为"#ffe776"，按【Alt+Delete】组合键填充背景；新建"形状1"图形，选择钢笔工具 ✎，在新建的图层上绘制路径，按【Ctrl+Enter】组合键转换为选区，反选选区，选择渐变工具 ▣，在工具属性栏中设置渐变颜色为"#23e6fc"到"#008991"的渐变，单击"线性渐变"按钮 ▣，从上向下进行拖动，为选区添加渐变；按【Ctrl+N】组合键复制渐变图形，按【Ctrl+T】组合键，向下拖动上边缘调整高度，得到类似重叠的渐变效果，如图8-210所示。

STEP 03 打开"鼠标 (9).jpg"图像文件，选择钢笔工具 ✎，设置绘图模式为"路径"，沿着鼠标边缘绘制路径，按【Ctrl+Enter】组合键转换为选区，反选选区，拖动选区到新建的图形中。选择画笔工具 ✎，在鼠标上新建图层，设置画笔硬度为"0"、不透明度为"50%"、画笔大小为"155"，在鼠标上绘制圆，按【Ctrl+T】组合键调整宽度、高度与位置，制作投影，如图8-211所示。

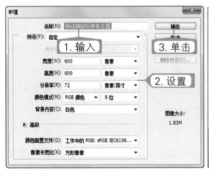

图8-209 新建文件　　　　　图8-210 制作背景　　　　图8-211 添加商品与投影

STEP 04 选择横排文字工具 **T**，在图像编辑区中输入文字。打开"字符"面板，设置较粗字体为"方正兰亭特黑简体"、较细字体为"方正兰亭纤黑简体"、左上角文字的字体为"方正兰亭准黑_GBK"，调整字体大小、颜色、字距和位置；选择"原价129"，在"字符"面板中单击"删除线"按钮 **王**；选择"疯狂抢购中…"文字，在工具属性栏中单击"创建变形文字"按钮 **人**，在打开的对话框中设置变形样式为"增加"，单击 **确定** 按钮返回图像，效果如图8-212所示。

STEP 05 选择矩形工具 **□**，在"送防滑垫"下方新建矩形，设置填充颜色为"#dbdbdd"；选择钢笔工具 **✍.**，在文字周围绘制白色线条形状，包围与修饰画面，将文字聚拢，效果如图8-213所示。保存文件完成本例的制作。

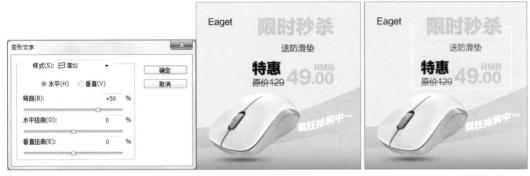

图8-212　添加文字　　　　　　　　　　　图8-213　绘制矩形与线条

（2）制作鼠标移动端其他主图

使用相同的方法，新建名为"移动端鼠标2张主图""移动端鼠标3张主图""移动端鼠标4张主图"图像文件，打开"鼠标（1）.jpg""鼠标（9）.jpg""鼠标（11）.jpg"图像文件，绘制矩形并输入"Eaget"文字，完成后保存图像，效果如图8-214所示。

图8-214　制作鼠标移动端其他主图效果

3. 制作鼠标跨境端主图

当鼠标的价格、销量等不占优势，制作主图时需要强调其性能、使用舒适度及高科技含量等卖点，以提高主图的点击率。本例将以"舒适手感 高度灵敏"为卖点来制作鼠标的跨境端主图，其具体操作如下。

（1）制作鼠标跨境端首张主图

STEP 01 按【Ctrl+N】组合键新建名称、宽度、高度和分辨率分别为"跨境端鼠标首张主图""800""800""72"的图像文件，单击 [确定] 按钮，如图8-215所示。

STEP 02 将前景色设置为"#e2e1dd"，按【Alt+Delete】组合键填充背景；拖动"PC端鼠标首张主图"图像文件中鼠标及其投影到新建的文件中，按【Ctrl+T】组合键调整大小与位置。选择钢笔工具 ，在鼠标左侧和右侧分别绘制形状，将形状图层拖动到鼠标图层下方，在工具属性栏中设置填充颜色为"#00b7ee"，取消描边，如图8-216所示。

STEP 03 选择横排文字工具 **T**，在鼠标上方输入图8-217所示的文字。打开"字符"面板，设置字体为"Aachen BT"，调整字体大小、颜色和位置，然后在第1排文字下方绘制矩形。保存文件完成本例的制作。

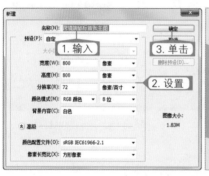
图8-215 新建文件

图8-216 添加商品与形状

图8-217 添加文本

（2）制作鼠标跨境端其他主图

使用相同的方法，新建名为"跨境端鼠标2张主图""跨境端鼠标3张主图""跨境端鼠标4张主图""跨境端鼠标5张主图""跨境端鼠标6张主图"图像文件。打开"鼠标（1）.jpg""鼠标（9）.jpg""鼠标（11）.jpg""鼠标（8）.jpg""鼠标（6）.jpg"图像文件，绘制矩形并输入"Eaget"文字，完成后保存图像，效果如图8-218所示。

图8-218 制作鼠标跨境端其他主图效果

图8-218　制作鼠标跨境端其他主图效果（续）

8.3.5　详情页设计

如果说主图是关注商品的敲门砖，那么详情页就是促使买家购买商品的催化剂。考生在制作详情页时，可根据主图中使用的颜色，进行整体颜色的布置，并通过矩形的变换、鼠标的展现和文字的说明对整个页面进行美化。下面分别对鼠标的PC端、移动端和跨境端详情页进行制作。

1．PC端店铺鼠标详情页设计

鼠标作为计算机办公中的重要组成部分，制作时应先制作焦点图，再对详细参数、细节展现和评价与快递进行设计。整个详情页要体现出鼠标的时尚感，并对详细内容进行展现，其具体操作如下。

扫一扫

PC端店铺鼠标详情页
设计

STEP 01　新建名称、宽度、高度和分辨率分别为"PC端店铺鼠标详情页""750""5900""72"的图像文件。

STEP 02　选择矩形工具 ▣，在图像的最上方绘制大小为750像素×950像素的矩形，并设置填充颜色为"#f4f4f4"。打开"鼠标 (10).jpg"图像文件，使用魔棒工具 抠取鼠标图像，并将其移动到矩形的中间区域，如图8-219所示。

STEP 03　新建图层，使用钢笔工具 绘制四边形，并设置填充颜色为"#fef9fa"。打开"图层"面板，设置不透明度为"60%"。使用相同的方法，在四边形的下方绘制3个颜色分别为"#2db4e9""#040000""#c4c8ca"的形状，并调整不透明度，效果如图8-220所示。

STEP 04　选择横排文字工具 Ｔ，在图像中输入文字，打开"字符"面板，设置较粗字体为"汉仪菱心体简"、较细字体为"汉仪细圆简"，调整字体大小、位置和颜色，效果如图8-221所示。

STEP 05　打开"鼠标 (3).jpg"图像文件，使用移动工具 将其移动到"PC端店铺鼠标详情页"图像文件中，按【Ctrl+T】组合键调整其大小；选择横排文字工具 Ｔ，在工具属性栏中设置字体格式为"汉仪菱心体简""40点""#ffffff"，效果如图8-222所示。

STEP 06　使用相同的方法将"鼠标 (4).jpg"图像文件移动到"PC端店铺鼠标详情页"中，调整大小后，输入相关文字，并设置相同的格式，效果如图8-223所示。

图8-219　设置图案叠加

图8-220　绘制形状

图8-221　输入文字

STEP 07 使用矩形工具▢绘制一个大小为750像素×240像素、颜色为"#c4c8ca"的矩形，然后使用椭圆工具◯绘制一个大小为117像素×117像素的白色正圆，复制3个正圆，并调整到图8-224所示的位置。

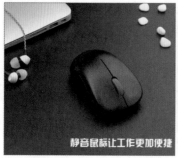

图8-222　展示黑色鼠标效果

图8-223　展示白色鼠标效果

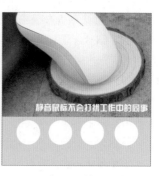

图8-224　绘制形状

STEP 08 选择自定形状工具▨，选择"音乐关"形状，然后在圆形上绘制大小合适的形状，设置填充颜色为"#757879"。使用相同的方法绘制其他形状，效果如图8-225所示。

STEP 09 选择横排文字工具▣，在工具属性栏中设置字体为"汉仪细圆简"，调整字体大小和位置，然后在白色形状下方对应的位置输入图8-226所示的文字。

图8-225　绘制自定形状　　　　　　　　　　　图8-226　输入文本

享受静音　流畅稳定　无线自由连接　即插即用
　　　　　光学追踪　　　　　　　　微型连接器

STEP 10 打开"鼠标(2).jpg"图像文件，使用魔棒工具▨抠取鼠标图像，并将其移动到图像左侧区域，然后使用矩形工具▢绘制图8-227所示的矩形，设置填充颜色为"#dbdbdc"。

STEP 11 选择横排文字工具 **T**，在工具属性栏中设置字体为"方正正中黑简体"，调整字体大小和位置；然后在形状左侧输入相关的文字，设置字体为"方正正黑简体"，字体颜色为"#757879"，调整字体大小和位置，然后输入其他文字，效果如图8-228所示。

图8-227　添加鼠标图像并绘制矩形　　　　　　图8-228　添加并设置文本

STEP 12 选择矩形工具 **□**，在图像下方绘制一个矩形，设置填充颜色为"#c4c8ca"，调整大小到合适位置，然后使用自定形状工具 **⍩** 绘制右侧的装饰形状，最后绘制一个白色的细长矩形，并自由变换大小和位置，效果如图8-229所示。

STEP 13 选择横排文字工具 **T**，在工具属性栏中设置字体格式为"方正正中黑简体""30点""黑色"，然后在左侧形状上输入"细节展现"文字，效果如图8-230所示。

图8-229　绘制形状　　　　　　　　　　　图8-230　添加并设置文本

STEP 14 选择矩形工具 **□**，在细节展现下方绘制一个矩形，通过斜切变换调整矩形的形状，效果如图8-231所示。

STEP 15 复制矩形形状，按【Ctrl+T】组合键变换形状，单击鼠标右键，在弹出的快捷菜单中选择"垂直翻转"命令，然后移动形状到下方合适位置，效果如图8-232所示。

图8-231　绘制矩形　　　　　　　图8-232　复制并变换矩形

STEP 16 依次打开"鼠标(11).jpg""鼠标(5).jpg""鼠标(9).jpg""鼠标(6).jpg"图像文件，使用魔棒工具抠取鼠标图像，并将其移动到矩形上方合适位置，效果如图8-233所示。

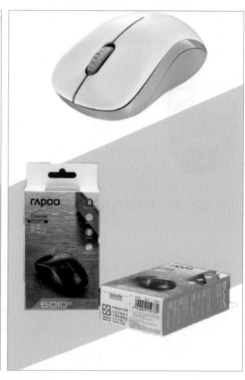

图8-233 添加素材图像

STEP 17 在"图层"面板中选择"细节展现"文字和下方形状所在的图层，然后复制图层，并将其移动到下方合适位置，然后修改文字为"评价与快递"，如图8-234所示。

STEP 18 打开"中文评价.jpg"图像文件，将其移动到矩形下方位置，按【Ctrl+T】组合键调整图像到合适大小，效果如图8-235所示。

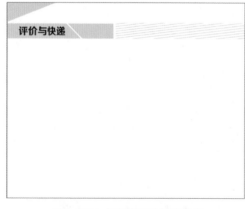

图8-234 复制图层并修改内容　　　　图8-235 继续添加素材图像

STEP 19 使用矩形工具绘制大小为240像素×420像素、填充颜色为"#c9c9c9"的矩形。在"图层"面板中设置不透明度为"30%"，然后复制该图层，按【Ctrl+T】组合键缩小图像，然后修改图层不透明度为"100%"，效果如图8-236所示。

STEP 20 选择直排文字工具 IT，在矩形中输入两行文字，并在"字符"面板中设置格式为"方正正中黑简体""35点""黑色"，然后使用横排文字工具 T 输入"7"和"24"，格式与直排文字格式相同，完成后的效果如图8-237所示。

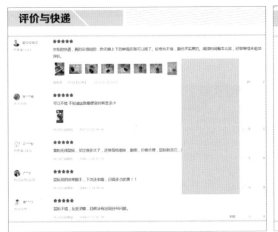

图8-236　绘制并复制矩形

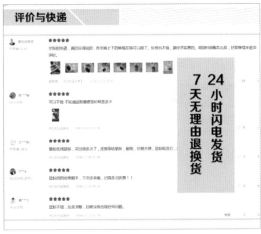

图8-237　添加并设置文字

2. 移动端店铺鼠标详情页设计

移动端店铺鼠标的详情页由于版面过小，展现的内容也相对较少。考生可在PC端的基础上制作移动端详情页，在制作时采用灰色为主色调，通过图片和文字的展现，让详情页自然过渡和展现，其具体操作如下。

STEP 01 新建名称、宽度、高度和分辨率分别为"移动端店铺鼠标详情页""480""960""72"的图像文件。

STEP 02 选择矩形工具 ▣，在图像的最上方绘制大小为480像素×250像素的矩形，并设置填充颜色为"#182022"，打开"鼠标 (3).jpg"图像文件，将其移动到矩形上方，按【Ctrl+Alt+G】组合键创建剪贴蒙版，然后移动图像到合适位置，如图8-238所示。

STEP 03 选择矩形工具 ▣，设置填充颜色为"#949494"，在左侧绘制一个矩形；使用相同的方法绘制一个填充颜色为"#535354"的矩形，按【Ctrl+T】组合键旋转矩形，最后为其创建剪贴蒙版，并调整到左下角位置，如图8-239所示。

STEP 04 选择圆角矩形工具 ▣，设置半径为"8像素"，在灰色矩形上绘制一个圆角矩形，完成后的效果如图8-240所示。

STEP 05 选择横排文字工具 T，在图像中输入图8-241所示的文字。打开"字符"面板，设置字体为"方正综艺简体"，调整字体大小、位置和颜色，选择"办公游戏鼠标"文字，将字体修改为"思源黑体 CN"，选择"49"文字，将字体修改为"汉真广标"。

图8-238　添加鼠标图像

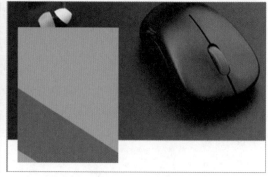

图8-239　绘制矩形

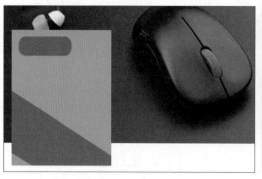

图8-240　绘制圆角矩形

图8-241　输入文字

STEP 06 双击"静无止境"图层，打开"图层样式"对话框。单击选中"投影"复选框，设置不透明度、距离和大小分别为"50""5""1"，单击 确定 按钮，效果如图8-242所示。

图8-242　添加投影效果

STEP 07 双击"49"图层，打开"图层样式"对话框。单击选中"描边"复选框，设置大小和颜色分别为"2""#535354"。

STEP 08 单击选中"投影"复选框，设置不透明度、距离、扩展和大小分别为"50""4""3""2"，单击 确定 按钮，如图8-243所示。

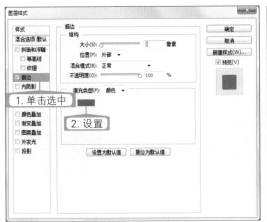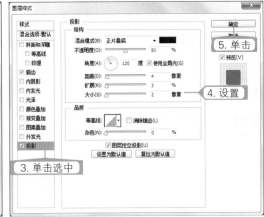

图8-243 添加描边和投影效果

STEP 09 在矩形右侧输入"详细参数"文字,设置字体为"方正综艺简体"、字体颜色为"#949494",完成后调整字体大小和位置,如图8-244所示。

STEP 10 选择自定形状工具 [图],设置形状为"拼贴2"、填充颜色为"#949494",在文字的右侧绘制形状,要求与文字对齐,效果如图8-245所示。

图8-244 输入文字　　　　　　　　　图8-245 绘制拼贴形状

STEP 11 选择矩形工具 [图],绘制大小为280像素×295像素、填充颜色为"#dbdbdc"的矩形。选择横排文字工具 [T],在工具属性栏中设置左侧字体为"方正正中黑简体"、字体颜色为"#030000",设置右侧字体为"方正正中黑简体"、字体颜色为"#666666",然后调整字体大小和位置,效果如图8-246所示。

STEP 12 打开"鼠标 (2).jpg"图像文件,使用魔棒工具 [图]抠取鼠标图像,并将其移动到图像右侧区域,效果如图8-247所示。

STEP 13 选择矩形工具 [图],在参数信息下方绘制一个矩形,通过斜切变换调整矩形的形状,效果如图8-248所示。

STEP 14 打开"鼠标 (9).jpg""鼠标 (11).jpg"图像文件,使用钢笔工具 [图]抠取鼠标图像,并将其移动到图像右侧区域。

产品名称	鼠标
品牌	Eaget
电源类型	可充电
颜色	黑、蓝、白
USB类型	无线USB
材料	ABS
DPI	1000
零售价	49元
风格	轨迹球，3D，手指
手持方向	双手

图8-246　添加形状和文本

图8-247　添加图像文件

STEP 15 选择直排文字工具 ⊥T，在鼠标的左侧输入两行文字，并在"字符"面板中设置字体为"方正综艺简体"、字体颜色为"#6e6d6e"，完成后调整字体的大小、位置、字距和行距，效果如图8-249所示。

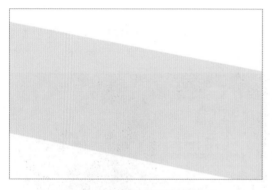

图8-248　绘制矩形并倾斜显示

图8-249　添加鼠标和文字

3. 跨境端店铺鼠标详情页设计

跨境端鼠标详情页的尺寸要求与PC端相同，在制作时可沿用PC端的制作方法，将图像文件中的中文转换为英文即可，但要注意英文和阿拉伯数字要大于等于20号字，其具体操作如下。

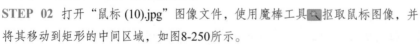

扫一扫

跨境端店铺鼠标详情页设计

STEP 01 新建名称、宽度、高度和分辨率分别为"跨境端店铺鼠标详情页""750""5400""72"的图像文件。

STEP 02 打开"鼠标 (10).jpg"图像文件，使用魔棒工具 抠取鼠标图像，并将其移动到矩形的中间区域，如图8-250所示。

STEP 03 新建图层，使用钢笔工具 绘制四边形，设置填充颜色为"#fef9fa"。打开"图层"面板，设置不透明度为"60%"。使用相同的方法，在四边形的下方绘制3个颜色分别为"#2db4e9""#040000""#c4c8ca"的形状，并调整不透明度，效果如图8-251所示。

STEP 04 选择横排文字工具 T，在图像中输入图8-252所示的文字。打开"字符"面板，设置字体为"汉仪菱心体简"、字体颜色为"#7d7d7e"，调整字体大小、字距和行距，完成后选择

"Wireless mouse"文字，单击"全部大写字母"按钮 **TT**，大写显示。

图8-250　设置图案叠加

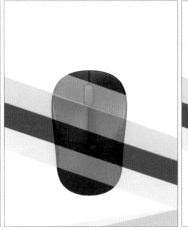

图8-251　绘制形状

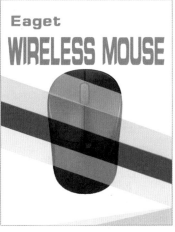

图8-252　输入文字

STEP 05 打开"鼠标 (4).jpg"图像文件，使用移动工具 将其移动到图像下方，按【Ctrl+T】组合键调整大小。选择竖排文字工具 ，在工具属性栏中设置字体为"AmeriGarmnd BT"，字体颜色为"#544d48"，调整字体大小和位置，效果如图8-253所示。

STEP 06 使用相同的方法将"鼠标 (3).jpg"图像文件移动到画面中，调整大小后，输入相关文字，并设置相同的格式，效果如图8-254所示。

图8-253　展示白色鼠标效果

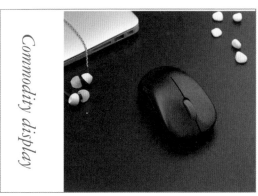

图8-254　展示黑色鼠标效果

STEP 07 选择矩形工具 ，在下方绘制一个矩形，设置填充颜色为"#c4c8ca"，调整大小到合适位置，然后使用自定形状工具 ，绘制右侧的装饰形状，最后绘制一个白色的细长矩形，自由变换大小和位置后，效果如图8-255所示。

STEP 08 选择横排文字工具 ，在工具属性栏中设置字体为"方正正中黑简体"、字号为"30点"，然后在左侧形状上输入"Product parameters"文字，效果如图8-256所示。

STEP 09 打开"鼠标 (2).jpg"图像文件，使用魔棒工具 抠取鼠标图像，并将其移动到图像左侧区域，然后使用矩形工具 绘制图8-257所示的矩形，设置填充颜色为"#dbdbdc"。

图8-255　绘制形状　　　　　　　　　　图8-256　添加并设置文字

STEP 10 选择横排文字工具 T，在工具属性栏中设置左侧字体为"方正正中黑简体"、字体颜色为"#030000"，设置右侧字体为"方正正中黑简体"、字体颜色为"#666666"，然后调整字体大小和位置，效果如图8-258所示。

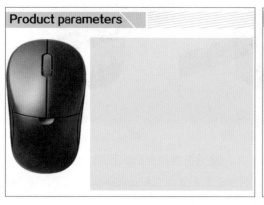

图8-257　添加鼠标图像并绘制形状　　　　　图8-258　添加并设置文字

STEP 11 使用STEP 07～STEP 08的方法制作标题栏，然后选择矩形工具 □，在标题栏的下方绘制一个矩形，通过斜切变换调整矩形的形状，效果如图8-259所示。

STEP 12 选择直线工具 ∕，在矩形的上方和下方绘制斜线，效果如图8-260所示。

STEP 13 复制矩形形状和下方直线，按【Ctrl+T】组合键变换形状，单击鼠标右键，在弹出的快捷菜单中选择"垂直翻转"命令，然后移动形状到下方合适位置，效果如图8-261所示。

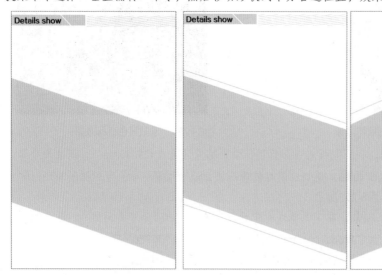

图8-259　绘制变换矩形　　　图8-260　绘制斜线　　　图8-261　复制并变换矩形

STEP 14 依次打开 "鼠标 (11).jpg" "鼠标 (5).jpg" "鼠标 (9).jpg" "鼠标 (6).jpg" 图像文件，使用魔棒工具 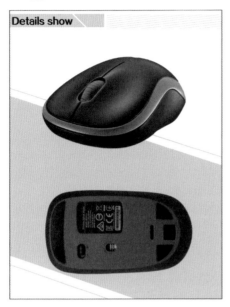 抠取鼠标图像，并将其移动到矩形上方合适位置，效果如图8-262所示。

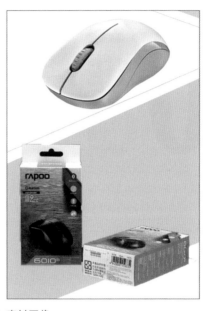

图8-262　添加素材图像

STEP 15 使用STEP 07~STEP 08的方法制作标题栏。打开 "英文评价.jpg" 图像文件，将其移动到矩形下方位置，按【Ctrl+T】组合键调整图像到合适大小，效果如图8-263所示。

STEP 16 选择矩形工具 ，在英文评价的中间区域绘制大小为750像素×100像素的矩形，并设置填充颜色为 "#898a89"。选择直线工具 ，在矩形的上方和下方绘制直线，选择横排文字工具 ，在工具属性栏中设置字体为 "Caxton Lt BT"、字体颜色为 "#ffffff"，然后在矩形的中间区域输入图8-264所示的文字，打开 "字符" 面板，单击 "全部大写字母" 按钮 ，以大写的形式进行展现。保存文件完成本例的制作。

图8-263　添加英文图片

图8-264　绘制矩形并输入文字

CHAPTER

09

第9章
ITMC网店开设与装修实训软件

ITMC是中教国赛的网店开设与装修实训软件，读者可根据系统的要求完成网店相关部分的图像制作并进行切片、上传等操作，从而完成整个比赛。本章将具体讲解ITMC软件的登录、使用，以及如何将设计好的网店店招、Banner、详情页等内容在ITMC平台使用等。通过本章的学习；读者可深入认识大赛的软件系统，了解其操作流程，从而保证最终完成并赢得比赛。

- 系统登录操作说明
- 店铺装修
- 跨终端店铺建设
- 跨境端店铺建设
- 跨平台店铺开设

本章要点

9.1　系统登录操作说明

系统登录是进行店铺装修的第一步。在进行装修前，读者需要先进入ITMC系统平台，并进行用户登录，完成后才能根据需要的目录进入店铺装修页面进行装修。下面将具体讲解系统登录操作的方法。

9.1.1　进入ITMC系统平台

登录ITMC系统平台的方法为：打开浏览器，在浏览器地址栏中输入网址，按【Enter】键可以打开系统，如图9-1所示。

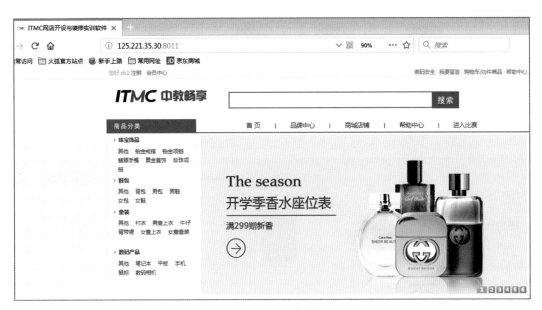

图 9-1　ITMC 系统平台

9.1.2　用户登录

单击"进入比赛"超链接，出现登录界面。使用提供的用户名和初始密码即可进行登录，其具体操作如下。

STEP 01 打开登录页面，在"会员登录"页面中输入分配的用户名和初始密码，完成后单击████按钮即可进入比赛系统，如图9-2所示。

STEP 02 为了防止店铺信息被篡改，读者可以先修改店铺的登录密码。把鼠标指针移到图9-3所示右侧的系统菜单位置，单击展开系统菜单，如图9-4所示。

STEP 03 选择"修改密码"选项，出现图9-5所示的密码修改页面，在其中输入旧密码和新密码并保存即可。

图9-2　登录界面

图9-3　单击"系统菜单"菜单

图9-4　查看展开的系统菜单　　　　　　　图9-5　密码修改页面

9.2 店铺装修

按照开店流程完成网店注册、认证和设置操作后，在竞赛软件允许的结构范围内，利用竞赛软件提供的素材，完成PC电商店铺、移动电商店铺和跨境电商店铺首页的店铺标志、店铺招牌、商品分类、广告图、轮播图、商品推荐的设计与制作，以及详情页的商品展示类、吸引购买类、促销活动类、实力展示类、交易说明类、关联销售类的设计与制作。通过图像、程序模板等装饰，店铺变得丰富美观，从而可以提高转化率。

店铺装修主要包括比赛说明、店铺开设、店标设计、网店Banner上传、详情页设计、促销活动和热销商品7个环节。下面分别进行介绍。

9.2.1　店铺装修比赛说明

在"店铺装修"上单击●按钮，进入店铺装修模块。读者在此可以看到具体的操作流程和比赛说明，如图9-6所示。

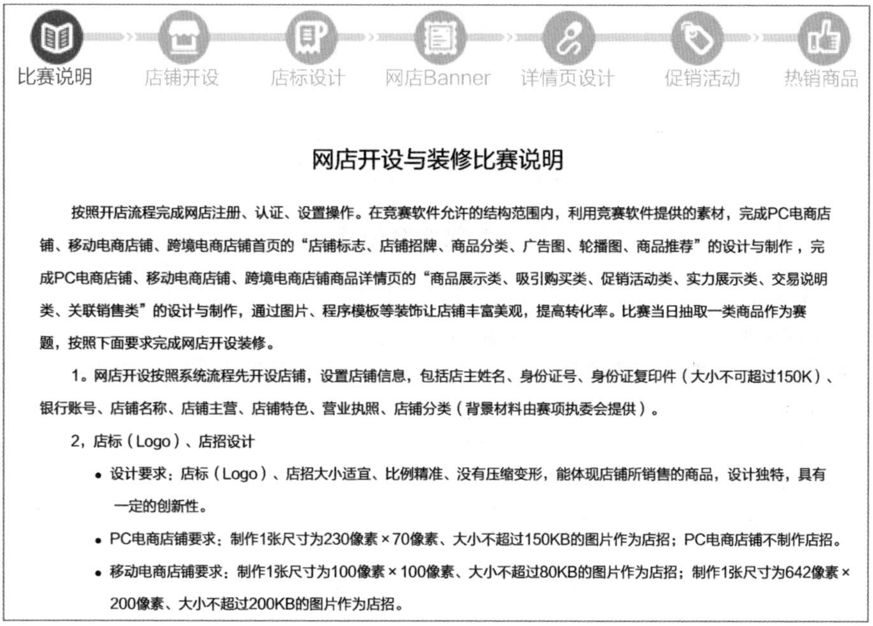

网店开设与装修比赛说明

　　按照开店流程完成网店注册、认证、设置操作。在竞赛软件允许的结构范围内，利用竞赛软件提供的素材，完成PC电商店铺、移动电商店铺、跨境电商店铺首页的"店铺标志、店铺招牌、商品分类、广告图、轮播图、商品推荐"的设计与制作，完成PC电商店铺、移动电商店铺、跨境电商店铺商品详情页的"商品展示类、吸引购买类、促销活动类、实力展示类、交易说明类、关联销售类"的设计与制作，通过图片、程序模板等装饰让店铺丰富美观，提高转化率。比赛当日抽取一类商品作为赛题，按照下面要求完成网店开设装修。

　　1。网店开设按照系统流程先开设店铺，设置店铺信息，包括店主姓名、身份证号、身份证复印件（大小不可超过150K）、银行账号、店铺名称、店铺主营、店铺特色、营业执照、店铺分类（背景材料由赛项执委会提供）。

　　2，店标（Logo）、店招设计

- 设计要求：店标（Logo）、店招大小适宜、比例精准、没有压缩变形，能体现店铺所销售的商品，设计独特，具有一定的创新性。
- PC电商店铺要求：制作1张尺寸为230像素×70像素、大小不超过150KB的图片作为店招；PC电商店铺不制作店招。
- 移动电商店铺要求：制作1张尺寸为100像素×100像素、大小不超过80KB的图片作为店招；制作1张尺寸为642像素×200像素、大小不超过200KB的图片作为店招。

图9-6　网店开设与装修比赛说明

　　比赛说明的下方可下载比赛资源，如图9-7所示。比赛资源有10个类目，分别为办公文教用品、电话和通信、计算机和办公、服装/服饰配件、家居用品、玩具、箱包、鞋子、运动及娱乐、珠宝饰品及配件等。这10个类目在比赛时是由裁判随机抽取的，读者平常可针对这10个类目进行全部练习。

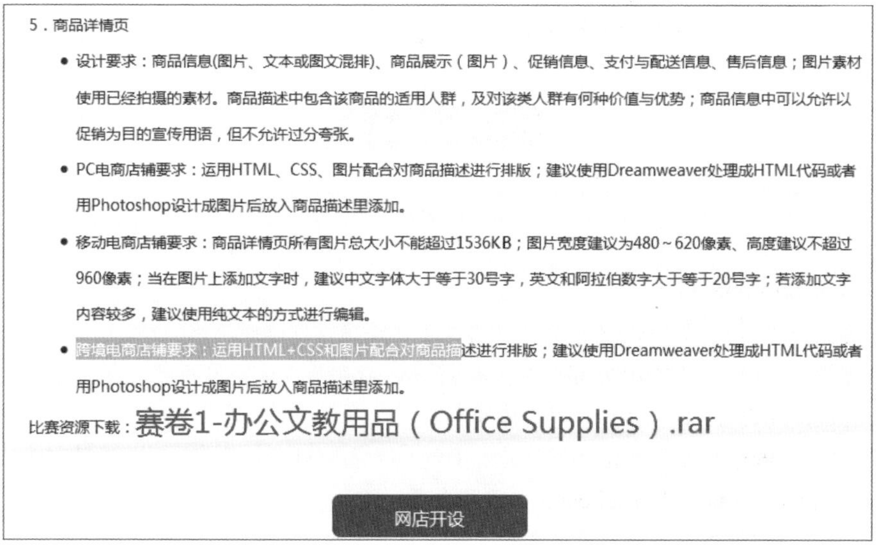

5．商品详情页

- 设计要求：商品信息(图片、文本或图文混排)、商品展示（图片）、促销信息、支付与配送信息、售后信息；图片素材使用已经拍摄的素材。商品描述中包含该商品的适用人群，及对该类人群有何种价值与优势；商品信息中可以允许以促销为目的宣传用语，但不允许过分夸张。
- PC电商店铺要求：运用HTML、CSS、图片配合对商品描述进行排版；建议使用Dreamweaver处理成HTML代码或者用Photoshop设计成图片后放入商品描述里添加。
- 移动电商店铺要求：商品详情页所有图片总大小不能超过1536KB；图片宽度建议为480～620像素、高度建议不超过960像素；当在图片上添加文字时，建议中文字体大于等于30号字，英文和阿拉伯数字大于等于20号字；若添加文字内容较多，建议使用纯文本的方式进行编辑。
- 跨境电商店铺要求：运用HTML+CSS和图片配合对商品描述进行排版；建议使用Dreamweaver处理成HTML代码或者用Photoshop设计成图片后放入商品描述里添加。

比赛资源下载：赛卷1-办公文教用品（Office Supplies）.rar

网店开设

图9-7　比赛资源下载

↘ 9.2.2 网店开设

下载完比赛资源后，单击页面下方的 [　网店开设　] 按钮，即可进入店铺开设页面，然后根据系统流程开设店铺。开设过程中需要设置店铺信息，包括店主姓名、身份证号码、身份证复印件（大小不可超过150KB）、银行账号、联系电话、详细地址、邮政编码、网店名称、店铺主营、店铺特色、营业执照及店铺分类，标"*"的选项为必填项，如图9-8所示。

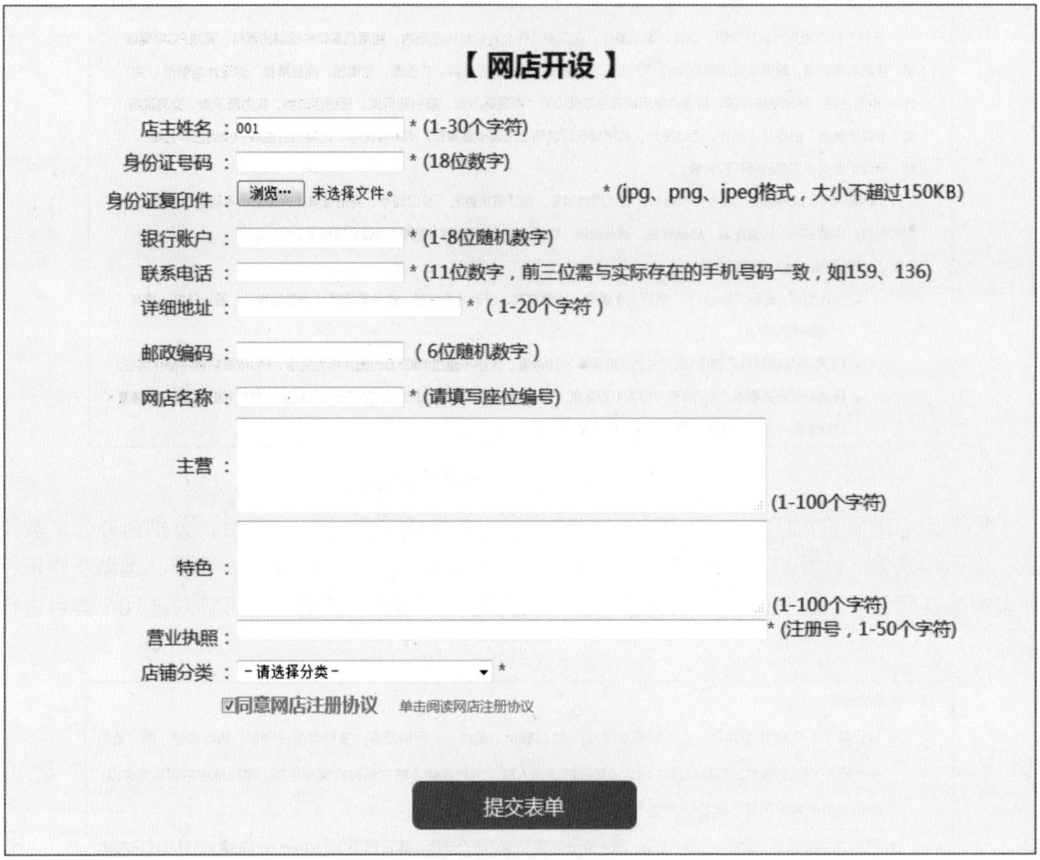

【 网店开设 】

店主姓名 ： 001　　　　　　* (1-30个字符)

身份证号码 ：　　　　　　* (18位数字)

身份证复印件 ： [浏览…] 未选择文件。　　　　* (jpg、png、jpeg格式，大小不超过150KB)

银行账户 ：　　　　　　* (1-8位随机数字)

联系电话 ：　　　　　　* (11位数字，前三位需与实际存在的手机号码一致，如159、136)

详细地址 ：　　　　　　* （1-20个字符）

邮政编码 ：　　　　　　（6位随机数字）

网店名称 ：　　　　　　* (请填写座位编号)

主营 ：

（1-100个字符）

特色 ：

（1-100个字符）

营业执照 ：　　　　　　* (注册号，1-50个字符)

店铺分类 ： - 请选择分类 - ▼ *

☑同意网店注册协议　单击阅读网店注册协议

[提交表单]

图9-8　网店开设

↘ 9.2.3 店标设计

店标要求大小适宜、比例精准且没有压缩变形，能体现店铺所销售的商品，设计独特，具有一定的创新性。PC电商店铺的店招是尺寸为230像素×70像素、大小不超过150KB的图像。根据上传要求，将设计好的店铺Logo上传，其具体操作如下。

STEP 01 单击 [浏览…] 按钮，如图9-9所示，选择要上传的店铺Logo。

STEP 02 单击 [上传] 按钮，把店铺Logo上传到服务器。

STEP 03 单击 [查看已上传店铺Logo] 按钮，可以查看店铺Logo上传后的效果。

【 店铺Logo上传 】

上传要求：Logo尺寸是230像素×70像素，格式为JPG、JPEG、PNG，不支持GIF动画和BMP位图，文件大小150KB以内

店铺Logo：　浏览...　未选择文件。　　　　　上 传　　　查看已上传店铺Logo

下一步

图9-9　店铺Logo上传

9.2.4　网店Banner上传

店铺Logo上传成功后，单击　下一步　按钮即可进入上传网店Banner页面，设计的Banner主题应与店铺所经营的商品具有相关性，具有吸引力和营销向导，可以提升店铺整体风格。PC电商店铺要求制作4张尺寸为727像素×416像素、大小不超过150KB的图像。设计网店Banner的素材在网店开设下载的比赛资源里。

按要求设计好Banner之后，分别上传。其方法为：单击Banner1后面的　浏览…　按钮，如图9-10所示，选择要上传的Banner1，然后单击　上传　按钮，把Banner1上传到服务器，单击　查看已上传Banner1　按钮，即可查看Banner1上传后的效果。重复上述步骤，上传Banner2、Banner3和Banner4。

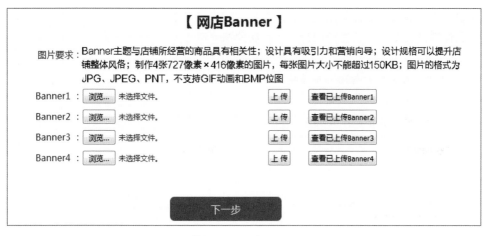

【 网店Banner 】

图片要求：Banner主题与店铺所经营的商品具有相关性；设计具有吸引力和营销向导；设计规格可以提升店铺整体风格；制作4张727像素×416像素的图片，每张图片大小不能超过150KB；图片的格式为JPG、JPEG、PNT，不支持GIF动画和BMP位图

Banner1：　浏览...　未选择文件。　　　　上 传　　查看已上传Banner1

Banner2：　浏览...　未选择文件。　　　　上 传　　查看已上传Banner2

Banner3：　浏览...　未选择文件。　　　　上 传　　查看已上传Banner3

Banner4：　浏览...　未选择文件。　　　　上 传　　查看已上传Banner4

下一步

图9-10　网店Banner

9.2.5　详情页设计

详情页是店铺装修的重点。下面将从初始设置、商城分类、基本信息、商品图片、商品详细及商品规格来讲解详情页的设置方法。

1. 详情页设计——初始设置

初始设置包括商品图片管理、商品分类管理和店铺品牌管理，如图9-11所示。

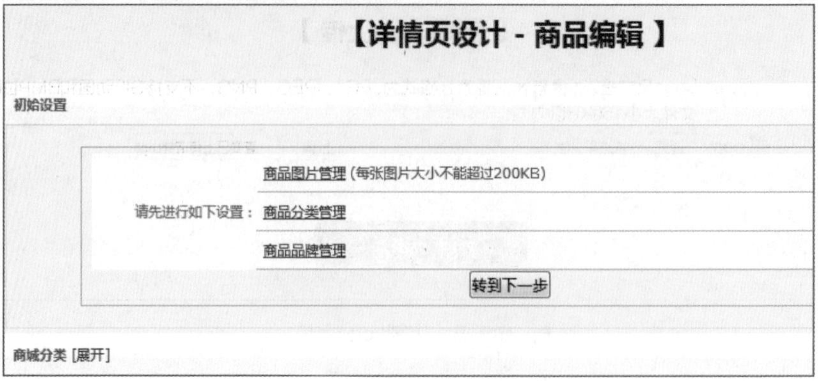

【详情页设计 - 商品编辑】

初始设置

请先进行如下设置：　商品图片管理（每张图片大小不能超过200KB）

商品分类管理

商品品牌管理

转到下一步

商城分类 [展开]

图9-11　详情页设计

（1）初始设置——商品图片管理

商品图片管理是指提前把做好的商品主图和商品详情页上传到服务器。商品主图要求图片必须能较好地反映出该商品的功能特点，对顾客有很好的吸引力，保证图片有较好的清晰度。图文结合的图像，文字不能影响图片的整体美观、不能本末倒置。PC电商店铺要求制作4张尺寸为800像素×800像素、大小不超过200KB的图片。

商品详情页要求包含商品信息（图片、文本或图文混排）、商品展示（图片）、促销信息、支付与配送信息及售后信息；商品描述中包含该商品的适用人群，及对该类人群有何种价值与优势；商品信息中允许用以促销为目的宣传用语，但不允许过分夸张。一般用Photoshop制作商品详情页长图，然后进行切片，切片后的图片不超过200KB。下面讲解商品图片的上传方法。

STEP 01 单击"商品图片管理"超链接，进入"图片管理"页面，单击"添加"按钮 ，如图9-12所示，打开"图片添加"对话框。

STEP 02 单击 浏览… 按钮，如图9-13所示，选择要上传的图片，单击 确定 按钮即可。

图9-12　图片管理 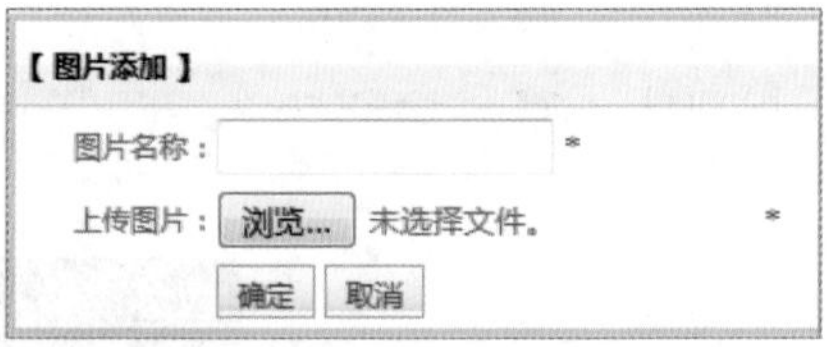　　　　　　　　　　图9-13　图片添加

STEP 03 出现图9-14所示的界面，显示图片添加成功。

图9-14　图片添加成功

STEP 04 单击"返回列表"超链接，返回到图片管理页面，如图9-15所示。在页面中可以继续添加图片，也可以编辑和删除已添加的图片（商品详情页用到的所有图片都需要在此处添加）。

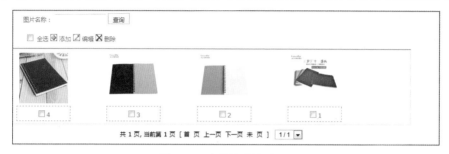

图9-15 商品图片管理界面

（2）初始设置——商品分类管理

一般店铺都有多种商品。为了便于顾客查看和卖家管理，我们需要先进行商品分类。单击"商品分类管理"超链接，打开"类别管理"对话框，在"分类名称"下面的文本框中输入要分类的名称，单击 保存修改 按钮即可，如图9-16所示。

图9-16 商品分类管理

（3）初始设置——店铺品牌管理

一般的店铺可能会经营多个品牌的商品。为了便于卖家管理，我们需要先进行商品品牌管理。单击"商品品牌管理"超链接，打开"店铺品牌管理"对话框，单击"添加"按钮 ，如图9-17所示。打开"店铺品牌添加"对话框，在"品牌名称"文本框中输入商品的品牌，单击 确定 按钮即可，如图9-18所示。

图9-17 店铺品牌管理

图9-18 店铺品牌添加

2. 详情页设计——商城分类

商品图片管理、商品分类管理和商品品牌管理设置好以后，单击 转到下一步 按钮，进入详情页设计——商城分类界面。

商城分类是指选择的商品在ITMC商城平台的归属类目。在"商城分类"最左侧栏选择商品所属大类，在中间栏选择所属小类（如果没有，可选择"其他"选项），完成后单击 保存，转到下一步 按

钮，如图9-19所示。在保存成功提示对
话框中单击 确定 按钮，系统将进入详情
页设计——基本信息界面。

3. 详情页设计——基本信息

进入商品的基本信息栏后，按要求
填写商品参数，其中标"*"的为必填
项，商品编号是系统默认的，如图9-20
所示。填写完成后单击 保存，转到下一步 按
钮，在保存成功提示对话框中单击 确定
按钮，系统进入详情页设计——商品图
片界面。

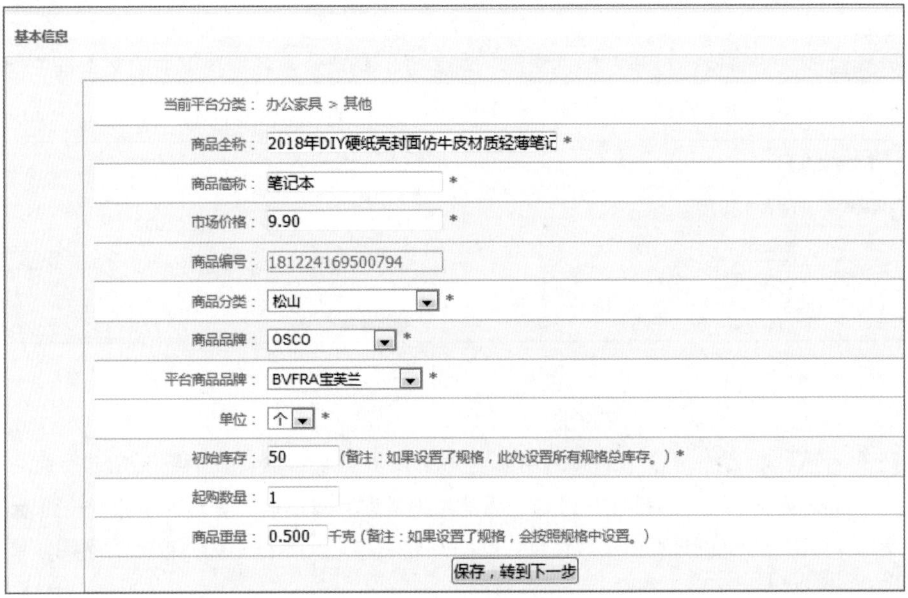

图9-19　商品分类管理

图9-20　基本信息

4. 详情页设计——商品图片

进入商品图片的设置栏后，单击 选择图片 按钮，如图9-21所示，在打开的对话框中双击想要添
加的图片，即可进行商品主图的选择。因一次只能添加一张图片，重复该步骤即可添加其他图
片，如图9-22所示。4张商品主图添加完后，如果不满意，可以单击图片后的"删除"按钮 ✖ 删
除图片，重新添加其他图片，如图9-23所示。

图9-21　商品图片

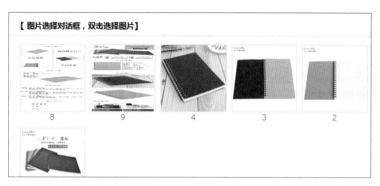

图9-22　添加图片

图9-23　商品图片的选择结果

经验之谈

　　默认图片是指在商品详情页显示的第一张图片，系统默认最后一张上传的图片为默认图片，读者可修改默认图片。

5. 详情页设计——商品详细

　　单击 保存，转到下一步 按钮后，在保存成功提示对话框上单击 确定 按钮，进入详情页设计——商品详细界面，如图9-24所示。

　　在商品详细界面，如果需要添加文字类信息，可直接在文本框中输入文字信息。如果需要插入图片，可单击下方的 选择图片 按钮，打开"选择商品图片"对话框，如图9-25所示。双击要选择的图片，即可将图片插入到"商品详细"编辑框。插入图片后的效果如图9-26所示。

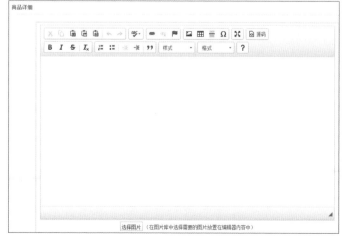

图9-24　商品详细

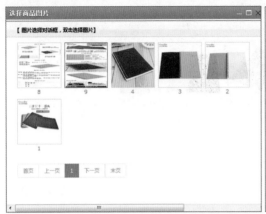

图9-25　"选择商品图片"对话框

图9-26　插入图片后的效果

6. 详情页设计——商品规格

设置好商品详细信息后，单击 保存，转到下一步 按钮，在保存成功提示对话框中单击 确定 按钮，进入详情页设计——商品规格界面，如图9-27所示。

要进行商品规格的设置与编辑，需要先对规格内容进行添加，完成后进行保存才可使用。下面分别对设置方法进行介绍，其具体操作如下。

图9-27　商品规格

STEP 01 在商品规格界面中，单击"管理商品规格"超链接，打开"商品规格设置"对话框，在其中单击"添加"按钮 ，如图9-28所示。

图9-28　商品规格设置

STEP 02 打开"添加规格管理"对话框，输入相应的内容，单击 添加规格值 按钮，添加商品规格，商品规格值添加完成后，单击 确定 按钮，如图9-29所示。

图9-29　添加商品规格

STEP 03 结束商品规格的编辑，将出现图9-30所示的界面，表示商品规格添加成功。

图9-30　商品规格添加成功

9.2.6　商品促销

返回商品规格界面，单击 保存,转到下一步 按钮，在保存成功提示对话框上单击 确定 按钮，进入商品促销界面，在图9-31中输入商品的促销价格。

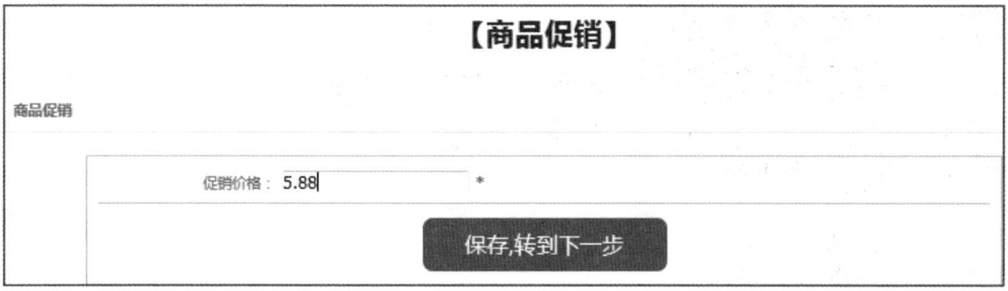

【商品促销】

商品促销

促销价格：5.88　　　　　　　　*

保存,转到下一步

图9-31　商品促销

9.2.7　热销商品

完成商品促销的输入后，单击 保存,转到下一步 按钮，在保存成功提示对话框上单击 确定 按钮，进入热销商品界面，如图9-32所示。单击选中"热销商品"和"店铺推荐"右侧的"是"复选框，即可使该商品出现在"热销商品"和"店铺推荐"栏目中。

【热销商品】

热销商品

热销商品：☑是

店铺推荐：☑是

保存,转到店铺首页

图9-32　热销商品

↘ 9.2.8　生成店铺首页和商品详情页

在热销商品界面单击 保存,转到店铺首页 按钮后，在打开的保存成功提示对话框中单击 确定 按钮，系统将回到开设店铺的首页，如图9-33所示。单击"进入比赛"超链接，返回"比赛说明"页面，单击上方流程图上的具体流程名可进入相应流程进行修改，完成后单击"热销商品"选项卡，单击 保存 按钮回到店铺首页。

图9-33　店铺首页

9.3　跨终端店铺建设

完成店铺的基本装修后，读者还可以进行跨终端店铺建设，在其中可进行店标、店招、网店Banner和详情页的设计。在店铺首页单击"进入比赛"超链接，返回"ITMC店铺开设与装修系统软件"首页，然后选择页面右侧"系统菜单"中的"系统首页"选项，返回系统首页。单击"进入比赛"超链接，系统再次进入系统模块选择页面，单击"跨终端店铺建设"下方的●按钮，如图9-34所示，进入跨终端店铺建设页面。

图9-34　单击"跨终端店铺建设"按钮

9.3.1　店标设计

作为跨终端店铺的店标，其大小和要求与PC端店铺的尺寸不同。下面对店标的设计要求和上传步骤进行介绍。

1. 店标设计要求

制作1张尺寸为100像素×100像素，大小不超过80KB，格式为JPG、JPEG、PNG的图片；要求大小适宜、比例精准且没有压缩变形；能体现店铺所销售的商品，设计独特，具有一定的创新性。

2. 店标上传步骤

根据设计要求设计好店标后，在"店标设计"页面单击 浏览... 按钮（见图9-35），从计算机中选择设计好的店铺Logo上传；单击 查看已上传店标 按钮可以查看已上传店标的显示效果，单击 下一步 按钮，进入店招设计页面。

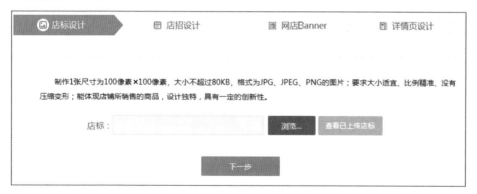

图9-35　店标设计页面

9.3.2　店招设计

作为跨终端店铺的店招，其尺寸应比PC端店招更大。下面将对店招的设计要求和店招上传步骤进行介绍。

1. 店招设计要求

制作1张尺寸为642像素×200像素，大小不超过200KB，格式为JPG、JPEG、PNG的图片；要求大小适宜、比例精准且没有压缩变形；能体现店铺所销售的商品，设计独特，具有一定的创新性。

2. 店招上传步骤

根据设计要求设计好店招后，单击 [浏览...] 按钮（见图9-36），从计算机中选择设计好的店招上传；单击 [查看已上传店招] 按钮可以查看已上传店招的显示效果，单击 [下一步] 按钮，进入网店Banner设计页面。

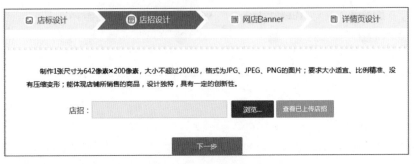

图9-36　店招设计页面

9.3.3　网店Banner

网店Banner是店铺的横幅广告，也是展现商品促销信息的基本页面。下面将对网店Banner的设计要求和上传步骤进行介绍。

1. 网店Banner设计要求

制作4张尺寸为608像素×304像素，大小不超过150KB，格式为JPG、JPEG、PNG的图片；要求主题与店铺所经营的商品具有相关性；设计具有吸引力和营销向导，设计规格可以提升店铺整体风格。

2. 网店Banner上传步骤

根据设计要求设计好网店Banner后，在"网店Banner"页面中分别单击Banner1、Banner2、Banner3和Banner4后的 [浏览...] 按钮（见图9-37），从计算机中选择设计好的网店Banner上传；单击Banner1、Banner2、Banner3和Banner4后的 [查看已上传Banner] 按钮可以查看已上传Banner的显示效果，单击 [下一步] 按钮，进入详情页设计页面。

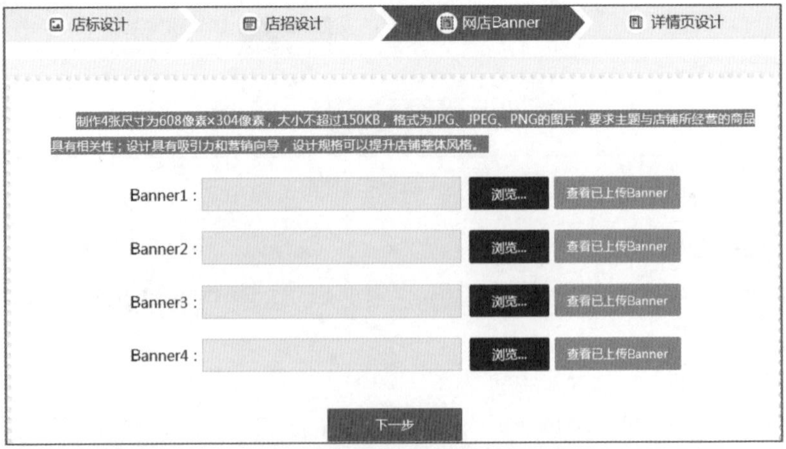

图9-37　网店Banner页面

↘ 9.3.4 详情页设计

详情页设计页面如图9-38所示。

图9-38 详情页设计

1. 初始设置

初始设置主要是指手机图片管理。"商品主图"和"商品详细"中用到的图片需要通过单击"手机图片管理"超链接提前添加到图库中。在"详情页设计"页面中,单击"手机图片管理"超链接,在出现的"手机图片管理"对话框中单击■浏览...■按钮,双击要添加的图片即可。一次只能添加一张图片,读者需要操作多次把"商品主图"和"商品详细"中用到的图片全部添加进去。

2. 商品主图

在"商品主图"栏中单击"选择图片"超链接,在出现的"选择商品主图"对话框中选择4张图片,单击■确定■按钮即可添加商品主图,如图9-39所示。把鼠标指针指向要调整位置的图片上,单击图片右上方的×按钮可以删除该图片,单击图片旁边的◁、▷按钮可以调整图片的显示顺序。

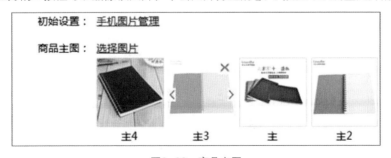

图9-39 商品主图

3. 商品详细

在"商品详细"文本框中，读者不但可以输入文字，还可以单击"插入图片"按钮🖼️，进行图片的插入操作，效果如图9-40所示。上述设置完成后，单击 保存，查看手机店铺 按钮，可以查看跨终端店铺完成后的效果，如图9-41所示。

图9-40　插入图片　　　　　　　　　　　图9-41　跨终端店铺首页

9.4　跨境端店铺建设

完成跨终端店铺建设后，读者可进行跨境端店铺的设计与上传。下面讲解跨终端店铺中各个板块的设置方法。

9.4.1　认识跨境端店铺

单击"跨境端店铺建设"下方的●按钮，进入跨境端店铺建设页面，如图9-42所示。跨境端店铺建设包括跨境店铺开设、网店Banner和详情页设计，下面分别进行介绍。

图9-42 跨境端店铺建设流程

9.4.2 跨境店铺开设

跨境端店铺是指店铺的卖家和买家分属不同的关境。店铺的后台由卖家进行管理,前台的买家看到的界面是英文的,因此在跨境端发布商品信息时要注意统一采用英文,避免出现中文。跨境店铺开设包括基本信息和经营信息的填写。下面分别进行介绍。

1. 跨境店铺开设——基本信息

基本信息包括商铺名称、商铺标志、商铺推广语及商铺介绍,如图9-43所示。商品标志的图片大小支持150KB,图片尺寸为230像素x70像素。商铺推广语需用英文简单描述商铺主营信息或特色;对商铺在搜索引擎中有所帮助;最多输入55个字符;可展示主营产品或热卖产品。在商铺介绍中使用英文介绍公司产品、公司实力、业务范围,重点突出商铺主营/热销产品(可帮助买家快速定位商家)、商品特色卖点等,可适当添加主营类目名称和关键词。有吸引力的商铺介绍有助于提升该商铺在搜索引擎中的点击量,提升商铺曝光率。商铺介绍最多输入500个字符。

图9-43 跨境店铺开设——基本信息

2. 跨境店铺开设——经营信息

经营信息包括注册地址和商铺关键词,如图9-44所示。关键词必须和商铺内的商品相关,使买家可以快速找到商品并进行购买。推荐填写3~5个关键词。关键词越多越有助于提升商铺收录量和搜索流量。

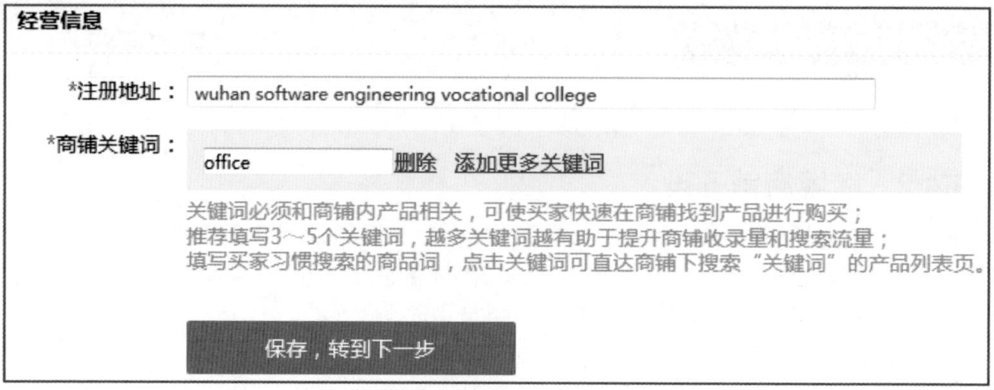

图9-44　跨境店铺开设——经营信息

9.4.3　网店Banner

基本信息和经营信息设置完成后，单击 ▊保存，转到下一步▊ 按钮即可进入网店Banner设计页面，如图9-45所示。制作4张尺寸为980像素×300像素，大小不超过150KB，格式为JPG、JPEG、PNG的图片；要求主题与店铺所经营的商品具有相关性；设计具有吸引力和营销向导，设计规格可以提升店铺整体风格。按要求设计好Banner之后，分别上传。

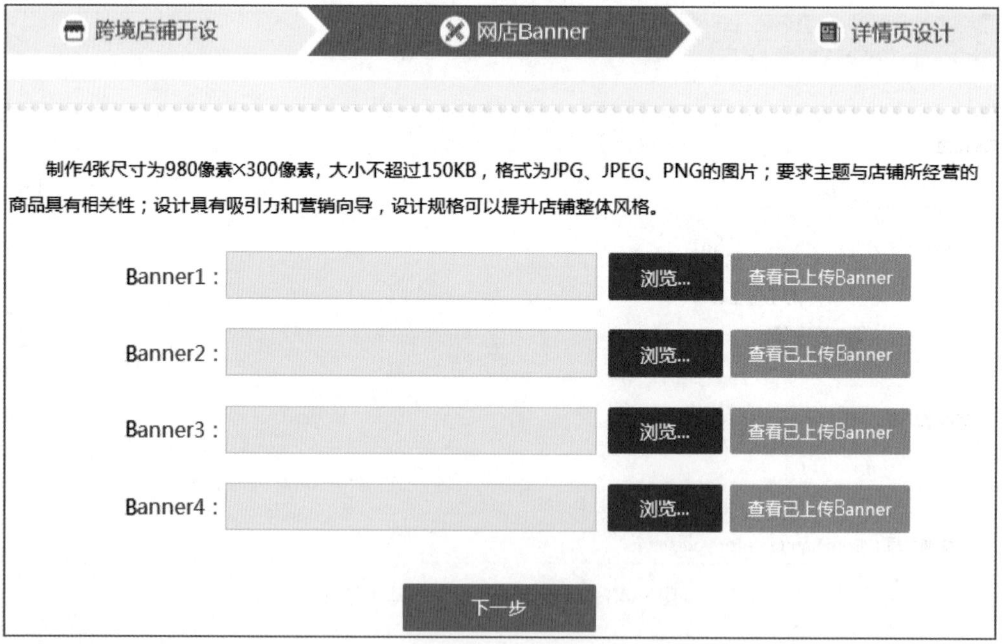

图9-45　跨境店铺开设——经营信息

9.4.4　详情页设计

跨境端详情页设计包括产品所属平台类目、产品基本信息、产品销售信息和产品内容描述4方面的内容，具体填写内容如图9-46～图9-49所示。跨境端详情页设计填写完成后，单击 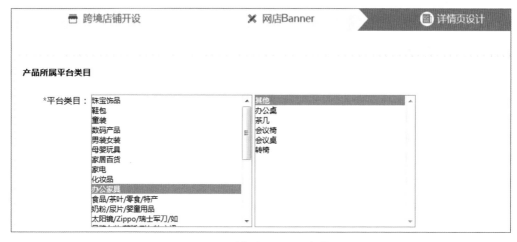保存，转到下一步 按钮，系统转到图9-50所示的跨境端店铺首页。

图9-46　选择产品所属平台类目

图9-47　填写产品基本信息

图9-48　填写产品销售信息

产品内容描述

*产品图片：图片格式为JPG、JPEG、PNG，文件大小200KB以内，切勿盗用他人图片，以免受网规处罚。相册管理

从相册选择图片

*产品组：　　　　　　　　　▼　　管理产品组

产品简短描述：

*产品详细描述：

| 源码 样式 ▼ 格式 ▼ 字体 ▼ 大小 ▼

body

保存，转到下一步

图9-49　输入产品内容描述

图9-50　跨境端店铺首页

9.5　跨平台店铺开设

跨平台店铺开设包括阿里巴巴平台、京东平台和淘宝平台的店铺开设。读者只需再次进入系

统模块选择页面，单击其中的"阿里巴巴平台"按钮 ，即可进入阿里巴巴平台店铺的开设界面；单击"京东平台"按钮 ，即可进入京东平台店铺的开设界面；单击"淘宝平台"按钮 ，即可进入淘宝平台店铺的开设界面。下面分别进行介绍。

9.5.1　阿里巴巴平台

阿里巴巴是一个企业对企业（Bussiness to Bussiness，B2B）平台，大部分是企业开店，也有少量个人开店，因此卖家大多是"B"；阿里巴巴采用的是批发方式，销售是面向企业，但也有少量的个人买家，因此买家大多也是"B"。

在ITMC网店开设与装修模块中，阿里巴巴平台开设店铺不需要重新上传所有内容，只需要将一些信息从ITMC商城的店铺同步过来即可。阿里巴巴平台开设店铺包含店铺同步、店铺Banner同步和商品同步3个步骤。

1. 阿里巴巴平台——店铺同步

店铺同步是指把原有的ITMC商城的店铺信息同步过来，读者只需要填写两个平台差异部分的信息即可，详细设置如图9-51所示。

图9-51　阿里巴巴平台——店铺同步

2. 阿里巴巴——店铺Banner同步

阿里巴巴的店铺Banner是尺寸为1920像素×500像素，大小不超过250KB，格式为JPG、JPEG、PNG的图片；只要使用下载的素材制作符合要求的4张Banner即可，如图9-52所示。

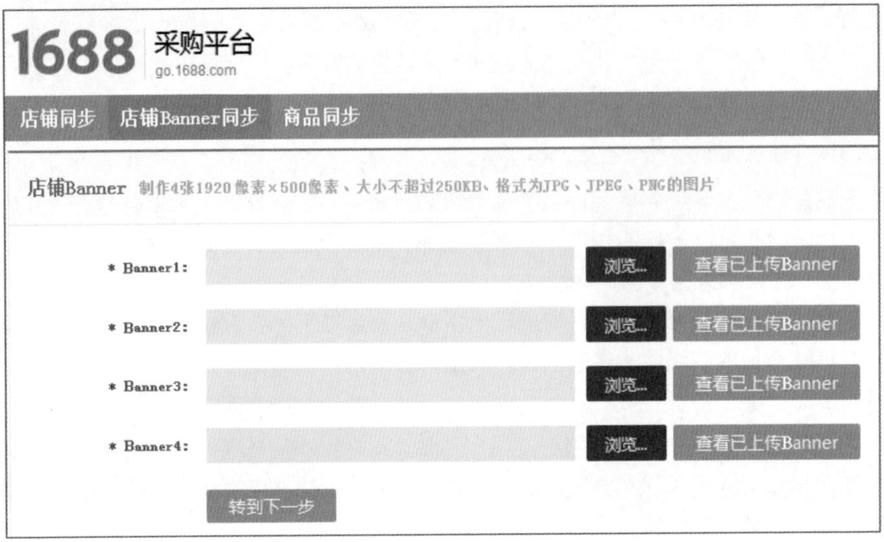

图9-52　阿里巴巴平台——店铺Banner同步

3. 阿里巴巴平台——商品同步

商品同步是指把原有的ITMC商城店铺的商品信息同步过来，读者只需要填写两个平台的差异信息，其他内容进行同步即可。选择要同步的商品，填写差异信息，然后单击 完成，查看阿里巴巴店铺 按钮即可，如图9-53所示。

图9-53　阿里巴巴平台——商品同步

9.5.2　京东平台

京东平台是典型的企业对个人（Bussiness to Customer，B2C）平台。平台有自营商品，因此本身是"B"，也有实体店的卖家（即有营业执照）开店，因此卖家也都是"B"；京东店铺采用的是零售方式，销售面向的是所有人，以个人居多，因此买家大多是"C"。

在ITMC网店开设与装修模块中，京东平台开设店铺不需要重新上传所有内容，只需要把一些信息从ITMC商城的店铺同步过来即可。京东平台开设店铺包含店铺同步、店铺Banner同步和商品同步3个步骤。

1. 京东平台——店铺同步

店铺同步是指把原有的ITMC商城的店铺信息同步过来，读者只需要填写两个平台差异部分的信息即可，详细设置如图9-54所示。

图9-54　京东平台——店铺同步

2. 京东平台——店铺Banner同步

店铺Banner需制作4张1920像素×600像素，大小不超过250KB，格式为JPG、JPEG、PNG的图片。使用下载的素材制作符合要求的4张Banner即可，详细设置如图9-55所示。

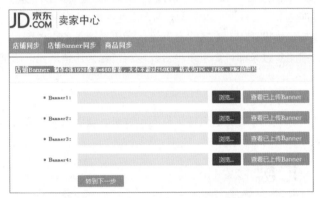

图9-55　京东平台——店铺Banner同步

3. 京东平台——商品同步

商品同步是指把原有的ITMC商城店铺的商品信息同步过来，读者只需要填写两个平台的差异信息，其他内容进行同步即可。选择要同步的商品，填写差异信息，然后单击 完成，查看京东店铺 按钮即可，如图9-56所示。

图9-56　京东平台——商品同步

↘ 9.5.3　淘宝平台

淘宝平台是典型的个人对个人（Customer to Customer, C2C）平台。淘宝平台没有自营产品，只是商城平台，提供卖家开店，大部分是个人开店，少量有实体店的商家，因此卖家大多是"C"；淘宝平台采用的是零售方式，销售面向的是所有人，以个人居多，因此买家大多是"C"。

在ITMC网店开设与装修模块中，淘宝平台开设店铺不需要重新上传所有内容，只需要把一些信息从ITMC商城的店铺同步过来即可。淘宝平台开设店铺包含店铺同步和商品同步两个步骤。

1. 淘宝平台——店铺同步

店铺同步是指把原有ITMC商城的店铺信息同步过来，读者只需要填写两个平台差异部分的信息即可，详细设置如图9-57所示。

图9-57　淘宝平台——店铺同步

2. 淘宝平台——商品同步

商品同步是指把原有ITMC商城店铺的商品信息同步过来，读者只需要填写两个平台的差异信息，其他内容进行同步即可。选择要同步的商品，填写差异信息，然后单击 完成，查看淘宝店铺 按钮即可，如图9-58所示。

图9-58　淘宝平台——商品同步